이번 학기 공부 습관을 만드는 첫 연산 책!

새 교육과정 반영

바빠 교과서 연산 3-1

바쁜 친구들이 즐거워지는 빠른 학습법

KB198283

"우리 아이가 끝까지 푼 책은 이 책이 처음이에요." — 학부모 후기 중

작은 발걸음 방식 문제 배치, **전문가의 연산 꿀팁** 가득!

이지스에듀

지은이 | **징검다리 교육연구소**

징검다리 교육연구소는 바쁜 친구들을 위한 빠른 학습법을 연구하는 이지스에듀의 공부 연구소입니다. 아이들이 기계적으로 공부하지 않도록, 두뇌가 활성화되는 과학적 학습 설계가 적용된 책을 만듭니다. 이 책을 함께 개발한 **강난영 선생님**은 영역별 연산 훈련 교재로, 연산 시장에 새바람을 일으킨 《바쁜 5·6학년을 위한 빠른 연산법》, 《바쁜 중1을 위한 빠른 중학연산》, 《바쁜 초등학생을 위한 빠른 구구단》을 기획하고 집필한 저자입니다. 또한 20년이 넘는 기간 동안 디딤돌, 한솔교육, 대교에서 초중등 콘텐츠를 연구, 기획, 개발했습니다.

바빠 교과서 연산 시리즈(개정판)

바빠 교과서 연산 3-1

(이 책은 2019년 2월에 출간한 '바쁜 3학년을 위한 빠른 교과서 연산 3-1'을 새 교육과정에 맞춰 개정했습니다.)

초판 1쇄 인쇄 2025년 2월 25일
초판 1쇄 발행 2025년 2월 25일
지은이 징검다리 교육연구소
발행인 이지연
펴낸곳 이지스퍼블리싱(주)
출판사 등록번호 제313-2010-123호
제조국명 대한민국
주소 서울시 마포구 잔다리로 109 이지스 빌딩 5층(우편번호 04003)
대표전화 02-325-1722
팩스 02-326-1723
이지스퍼블리싱 홈페이지 www.easyspub.com
이지스에듀 카페 www.easysedu.co.kr
바빠 아지트 블로그 blog.naver.com/easyspub
인스타그램 @easys_edu
페이스북 www.facebook.com/easyspub2014
이메일 service@easyspub.co.kr

기획 및 책임 편집 김현주 | 박지연, 정지희, 정지연, 이지혜 표지 및 내지 디자인 손한나, 김세리
일러스트 김학수, 이츠북스 전산편집 이츠북스 인쇄 js프린팅 독자 지원 박애림, 김수경
영업 및 문의 이주동, 김요한(support@easyspub.co.kr) 마케팅 라혜주

ISBN 979-11-6303-676-0
ISBN 979-11-6303-581-7(세트)
가격 11,000원

* **이지스에듀**는 이지스퍼블리싱(주)의 교육 브랜드입니다.
  (이지스에듀는 학생들을 탈락시키지 않고 모두 목적지까지 데려가는 책을 만듭니다!)

이 책을 보는 친구들과 학부모님께

공부 습관을 만드는 첫 번째 연산 책!

이번 학기에 필요한 연산은 이 책으로 완성!

이번 학기 연산, 작은 발걸음 배치로 막힘없이 풀 수 있어요!

'바빠 교과서 연산'은 이번 학기에 필요한 연산만 모아 똑똑한 방식으로 훈련하는 '학교 진도 맞춤 연산 책'이에요. **실제 학교에서 배우는 방식으로 설명**하고, 작은 발걸음 방식(small-step)으로 문제가 배치되어 막힘없이 풀게 돼요. 여기에 이해를 돕고 실수를 줄여 주는 꿀팁까지! 수학 전문학원 원장님에게나 들을 수 있던 '바빠 꿀팁'과 책 곳곳에서 알려주는 빠독이의 힌트로 쉽게 이해하고 문제를 풀 수 있답니다.

산만해지는 주의력을 잡아 주는 이 책의 똑똑한 장치들!

이 책에서는 자릿수가 중요한 연산 문제는 모눈 위에서 정확하게 계산하도록 편집했어요. 또 **3학년 친구들이 자주 틀린 문제는 '앗! 실수' 코너로 한 번 더 짚어 주어 더 빠르고 완벽하게 학습**할 수 있답니다.

그리고 각 쪽마다 집중 시간이 적힌 목표 시계가 있어요. 이 시계는 속도를 독촉하기 위한 게 아니에요. 제시된 시간은 딴짓하지 않고 풀면 3학년 어린이가 충분히 풀 수 있는 시간입니다. 공부할 때 산만해지지 않도록 시간을 측정해 보세요. 집중하는 재미와 성취감을 동시에 맛보게 될 거예요.

엄마들이 감동한 책–**'우리 아이가 처음으로 끝까지 푼 문제집이에요!'**

이 책은 아직 공부 습관이 잡히지 않은 친구들에게도 딱이에요! 지난 5년간 '바빠 교과서 연산'을 경험한 학부모님들의 후기를 보면, '아이가 직접 고른 문제집이에요.', '처음으로 끝까지 다 푼 책이에요!', '연산을 싫어하던 아이가 이 책은 재밌다며 또 풀고 싶대요!' 등 아이들의 공부 습관을 꽉 잡아 준 책이라는 감동적인 서평이 가득합니다.

이 책을 푼 후, 학교에 가면 **수학 교과서를 미리 푼 효과로 수업 시간에도, 단원평가에도 자신감**이 생길 거예요. 새 교육과정에 맞춘 연산 훈련으로 수학 실력이 '쑥쑥' 오르는 기쁨을 만나 보세요!

'바빠 교과서 연산' 이렇게 공부하세요!

1단계 필수 개념 정리

수학 교과서 핵심 개념만 쏙쏙 골라 담았어요!

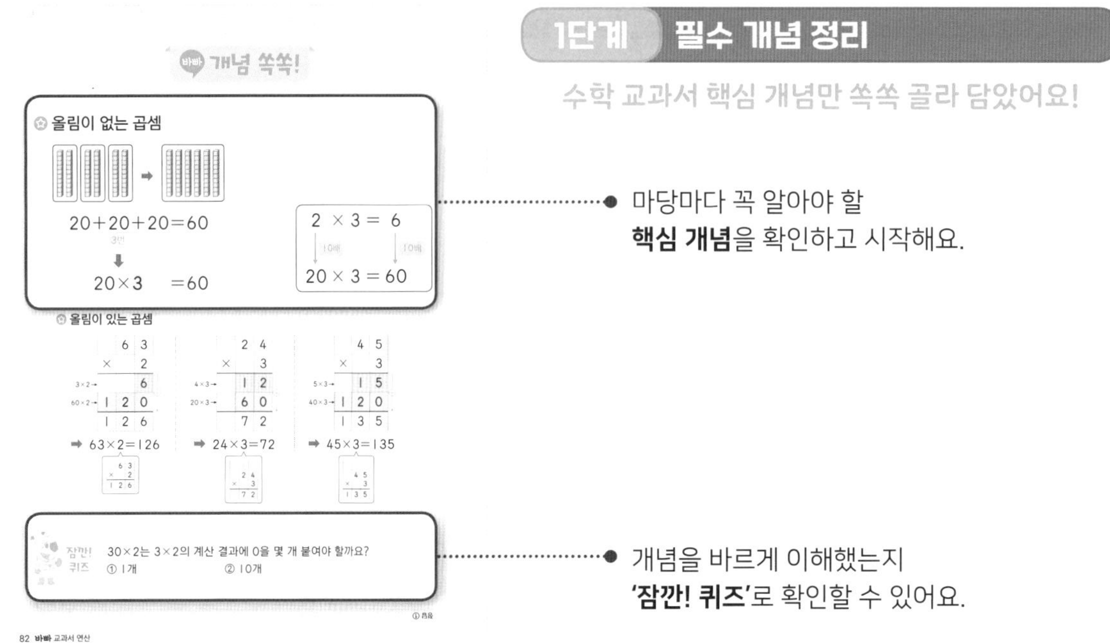

- 마당마다 꼭 알아야 할 **핵심 개념**을 확인하고 시작해요.
- 개념을 바르게 이해했는지 **'잠깐! 퀴즈'**로 확인할 수 있어요.

2단계 체계적인 연산 훈련

작은 발걸음 방식(small step)으로 차근차근 실력을 쌓아요.

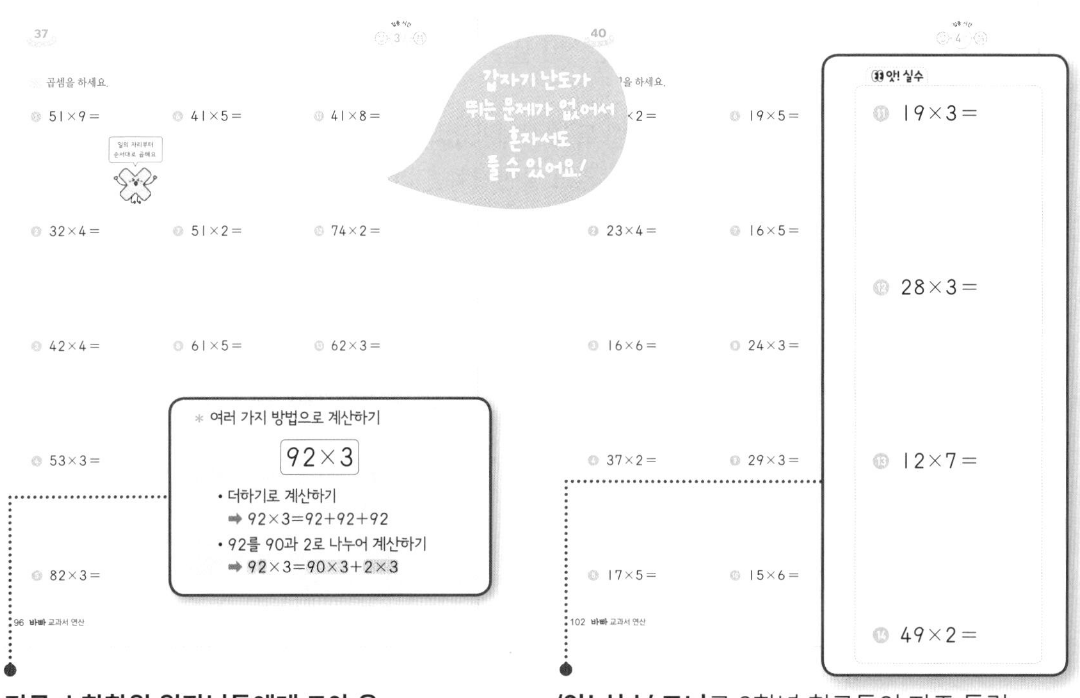
갑자기 난도가 뛰는 문제가 없어서 혼자서도 풀 수 있어요!

전국 수학학원 원장님들에게 모아 온 '연산 꿀팁!'으로 막힘없이 술술~ 풀 수 있어요.

'앗! 실수' 코너로 3학년 친구들이 자주 틀린 문제를 한 번 더 풀고 넘어가요.

3단계 보너스 문제

기초 문장제와 재미있는 연산 활동으로 수 응용력을 키워요!

45 생활 속 연산 – 곱셈

※ 그림을 보고 ☐ 안에 알맞은 수를 써넣으세요.

① 1판에 21개씩 포장되어 있는 메추리알을 5판 샀습니다. 산 메추리알은 모두 ☐개입니다.

② 연필 1타는 12자루입니다. 연필 6타에 들어 있는 연필은 ☐자루입니다.

③ 민지네 가족이 1년 동안 사용하는 화장지는 ☐개입니다. (1년=12달)

④ 1박스에 24개씩 들어 있는 음료수가 5박스 있습니다. 음료수는 모두 ☐개입니다.

곱셈 | 111

'생활 속 기초 문장제'로 서술형의 기초를 다져요.

45 연산 간식

※ 곱셈식이 모두 맞는 사다리를 타고 올라가야 고양이가 지붕 위의 생선을 먹을 수 있어요. 고양이가 타고 올라갈 사다리 번호에 ○표 하세요.

①	②	③
15×6=90	28×8=204	32×5=160
43×4=82	36×7=242	47×3=141
17×4=68	29×5=145	14×5=70

112 바빠 교과서 연산

그림 그리기, 선 잇기 등 **'재미있는 연산 활동'**으로 **수 응용력**과 **사고력**을 키워요.

4단계 마당별 통과 문제

통과 문제를 풀 수 있다면 이번 마당 연산 공부 끝!

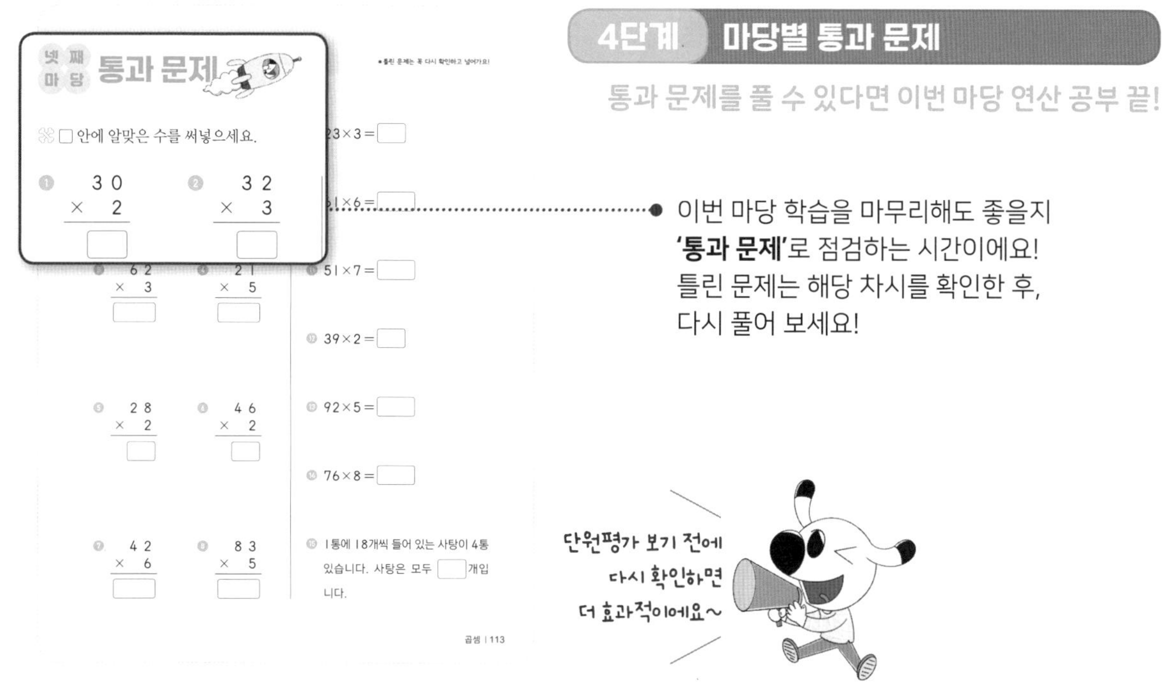

넷째 마당 통과 문제
※ ☐ 안에 알맞은 수를 써넣으세요.
단원평가 보기 전에
다시 확인하면
더 효과적이에요~

이번 마당 학습을 마무리해도 좋을지 **'통과 문제'**로 점검하는 시간이에요! 틀린 문제는 해당 차시를 확인한 후, 다시 풀어 보세요!

차례

바빠 교과서 연산 3-1

교과서 덧셈과 뺄셈
- 받아올림이 없는 세 자리 수의 덧셈
- 받아올림이 한 번 있는 세 자리 수의 덧셈
- 받아올림이 두 번 있는 세 자리 수의 덧셈
- 받아올림이 여러 번 있는 세 자리 수의 덧셈

지도 길잡이 2학년 1학기에 배운 두 자리 수의 덧셈에 이어 세 자리 수의 덧셈을 배웁니다.
받아올림이 세 번 있는 덧셈까지 배우므로 어렵게 느낄 수 있습니다. 자리 수가 많아졌을 뿐, 한 자리 수의 덧셈을 세 번 하는 것과 마찬가지이니 차근차근 계산하도록 지도해 주세요.

교과서 덧셈과 뺄셈
- 받아내림이 없는 세 자리 수의 뺄셈
- 받아내림이 한 번 있는 세 자리 수의 뺄셈
- 받아내림이 두 번 있는 세 자리 수의 뺄셈

지도 길잡이 세 자리 수의 뺄셈도 자리 수가 많아졌을 뿐, 두 자리 수의 뺄셈과 원리는 똑같습니다.
같은 자리 수끼리 뺄 수 없으면 윗자리에서 받아내림하고, 윗자리 수는 1 작아진다는 것을 완벽하게 익히도록 도와주세요.

교과서 나눗셈
- 똑같이 나누기
- 곱셈과 나눗셈의 관계
- 나눗셈의 몫을 곱셈식으로 구하기
- 나눗셈의 몫을 곱셈구구로 구하기

지도 길잡이 나눗셈은 실생활에서 흔히 접하는 과자나 도넛을 똑같이 나누며 나눗셈의 의미와 몫 등을 이해하도록 도와주세요.

예습하는 친구는 하루 한 장 5분씩,
복습하는 친구는 하루 두 장 10분씩 공부하면 좋아요!

넷째 마당 곱셈 80

교과서 곱셈
- (몇십)×(몇)
- 올림이 없는 (몇십몇)×(몇)
- 십의 자리에서 올림이 있는 (몇십몇)×(몇)
- 일의 자리에서 올림이 있는 (몇십몇)×(몇)
- 십의 자리, 일의 자리 모두 올림이 있는 (몇십몇)×(몇)

지도 길잡이 2학년에 배운 곱셈구구를 바탕으로 (몇십몇)×(몇)를 배웁니다.
올림한 수를 잊지 않도록 작게 쓰고 계산하는 습관을 들이는 게 중요합니다.

다섯째 마당 길이와 시간 114

교과서 길이와 시간
- 1 cm보다 작은 단위
- 1 m보다 큰 단위
- 1분보다 작은 단위
- 시간의 합 구하기
- 시간의 차 구하기

지도 길잡이 길이와 시간은 일상생활과 매우 친숙한 내용입니다.
시간을 같은 단위로 만들고, 같은 단위끼리 더하고 빼는 연습을 충분히 해야 합니다.

여섯째 마당 분수와 소수 136

교과서 분수와 소수
- 똑같이 나누기
- 분수, 단위분수 알아보기
- 분모가 같은 분수의 크기 비교하기
- 단위분수의 크기 비교하기
- 소수 알아보기
- 소수의 크기 비교하기

지도 길잡이 분수와 소수는 전체를 등분할하는 경우를 나타내거나 자연수로는 정확하게 나타낼 수 없는 양을 나타내기 위해 사용돼요. 분수와 소수를 읽고 쓰는 방법을 익혀 보세요.

오늘 공부한 단계를 색칠해 보세요!

01 02 03 04 05 06

첫째 마당

덧셈

08
07
10
11
09

바빠 개념 쏙쏙!

✪ 받아올림이 있는 세 자리 수의 덧셈

같은 자리 수끼리의 합이 10이거나 10보다 크면 10을 윗자리로 받아올림하여 계산합니다.

• 받아올림이 한 번 있는 덧셈

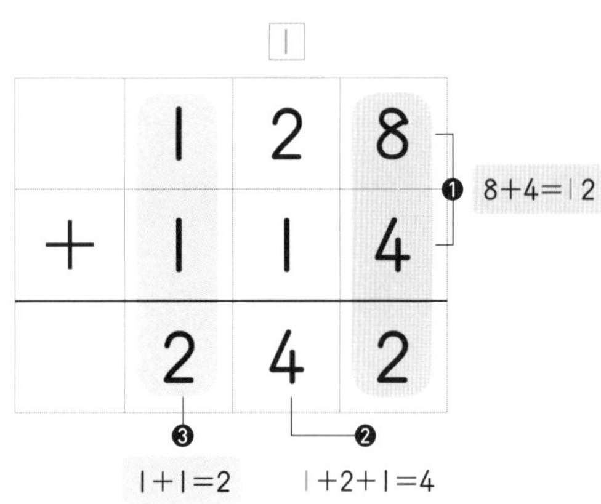
1
1 2 8
+ 1 1 4
2 4 2
❶ 8+4=12
❷ 1+2+1=4
❸ 1+1=2

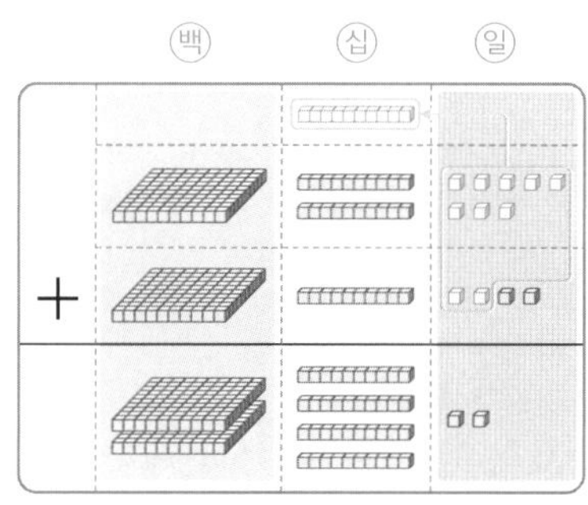
백
십
일
+

• 받아올림이 두 번 있는 덧셈

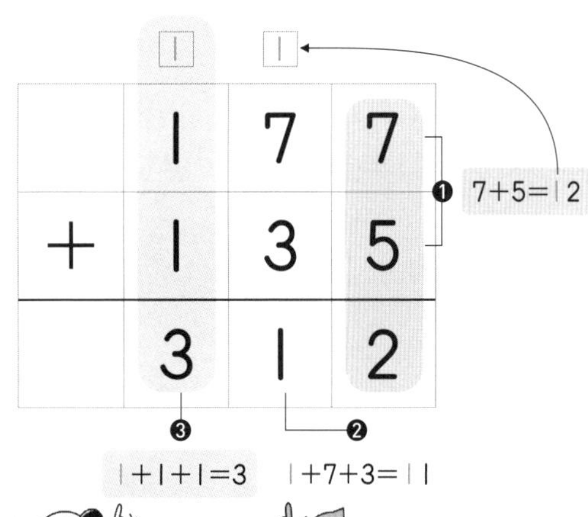
1 1
1 7 7
+ 1 3 5
3 1 2
❶ 7+5=12
❷ 1+7+3=11
❸ 1+1+1=3

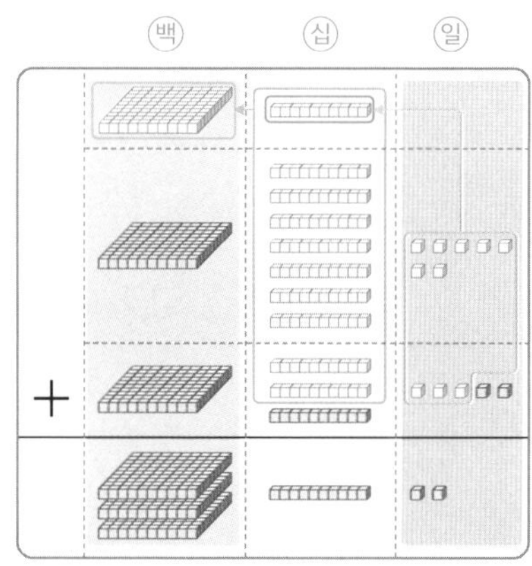
백
십
일
+

십의 자리에서 받아올림한 수

일의 자리에서 받아올림한 수

잠깐! 퀴즈 십의 자리 수끼리 더한 값이 10이거나 10보다 크면 어느 자리로 받아올림을 할까요?

① 십 ② 백 ③ 일

정답 ②

01 세 자리 수의 덧셈도 같은 자리 수끼리 더하자

집중 시간
2분

덧셈을 하세요.

자리 수가 늘어나도 더하는 방법은 똑같아요.
같은 자리 수끼리 맞추어 일→십→백의 자리 순으로 더해요.

(백) (십) (일)

❸ ❷ ❶

① 123 + 235 = 358

② 150 + 320

③ 270 + 327

④ 106 + 762

⑤ 312 + 263

⑥ 532 + 154

⑦ 643 + 226

⑧ 213 + 742

⑨ 452 + 201

⑩ 542 + 437

⑪ 615 + 372

⑫ 839 + 130

집중 시간
2분

덧셈을 하세요.

① 235+141= 3 7 6

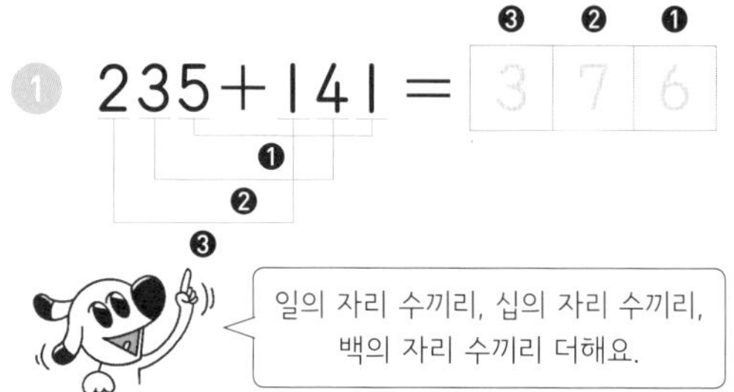
일의 자리 수끼리, 십의 자리 수끼리, 백의 자리 수끼리 더해요.

② 290+102=

일의 자리부터 계산하는 습관을 들여야 좋아요.

③ 427+162=

④ 735+143=

⑤ 234+262=

⑥ 664+324=

⑦ 176+123=

⑧ 352+326=

⑨ 314+253=

⑩ 455+331=

⑪ 810+173=

⑫ 642+135=

집중 시간
3분

02 일의 자리에서 받아올림한 수는 십의 자리로!

덧셈을 하세요.

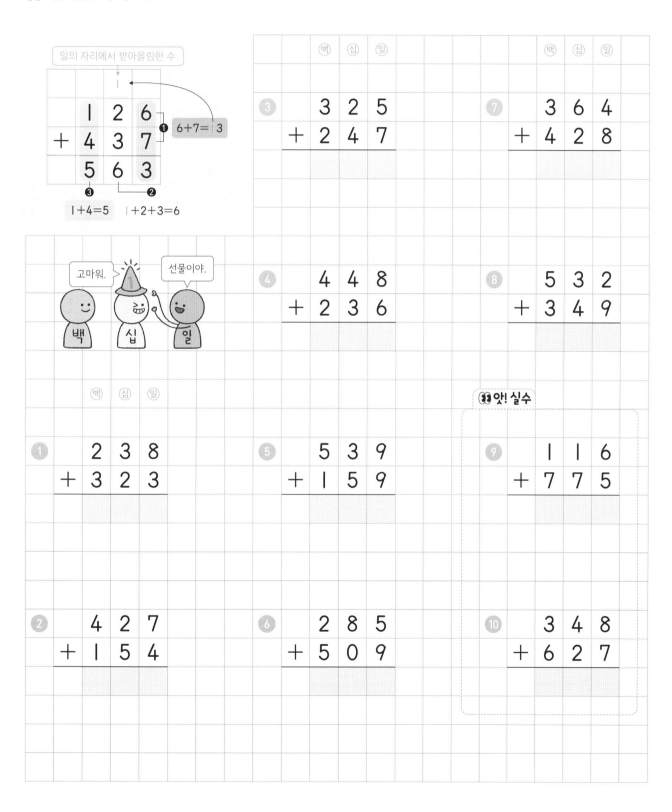

일의 자리에서 받아올림한 수

	1	
1	2	6
+ 4	3	7
5	6	3

❶ 6+7=13
❷ 1+2+3=6
❸ 1+4=5

고마워.
선물이야.
백
십
일

(백) (십) (일)

① 238 + 323 =

② 427 + 154 =

③ 325 + 247 =

④ 448 + 236 =

⑤ 539 + 159 =

⑥ 285 + 509 =

⑦ 364 + 428 =

⑧ 532 + 349 =

앗! 실수

⑨ 116 + 775 =

⑩ 348 + 627 =

02

집중 시간 3분

덧셈을 하세요.

자리 수가 많아져도 계산을 두려워하지 말아요!
한 자리 수의 덧셈을 세 번 하는 것과 같아요!

(백 십 일)

① 142 + 218

② 354 + 427

③ 437 + 256

④ 723 + 169

⑤ 247 + 523

⑥ 238 + 317

⑦ 429 + 539

⑧ 518 + 375

⑨ 368 + 229

⑩ 836 + 145

⑪ 748 + 246

⑫ 409 + 467

많은 친구들이 어려워하는
받아올림이 있는 문제예요.
화이팅!

03 받아올림한 수는 꼭 십의 자리에서 더해

집중 시간
4분

세로셈으로 나타내고, 덧셈을 하세요.

① 314+218

1			
	3	1	4
+	2	1	8

② 229+147

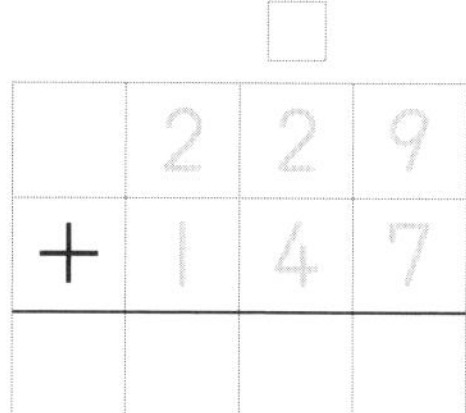
2 2 9
+ 1 4 7

③ 352+208

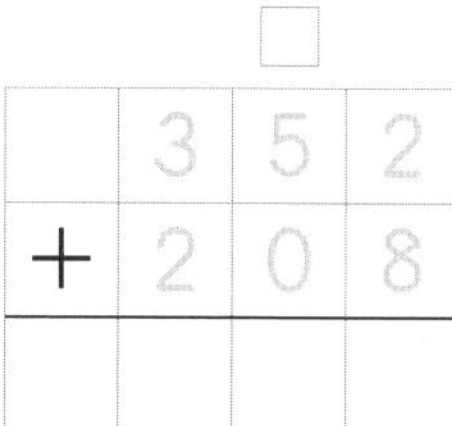
3 5 2
+ 2 0 8

④ 524+237

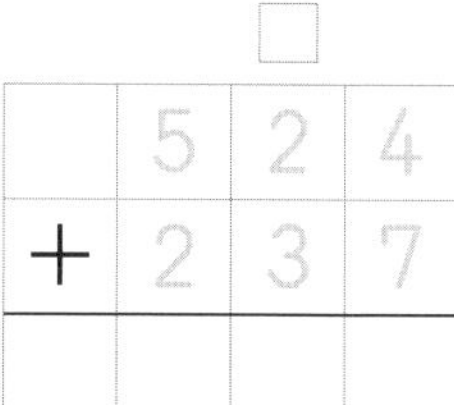
5 2 4
+ 2 3 7

⑤ 517+236

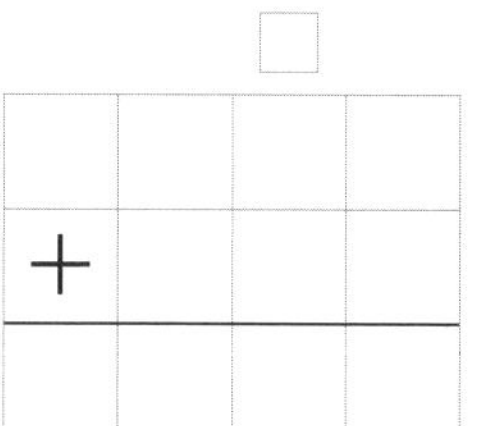

⑥ 435+128

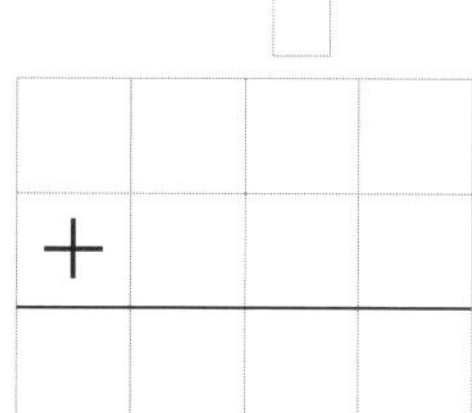

⑦ 468+327

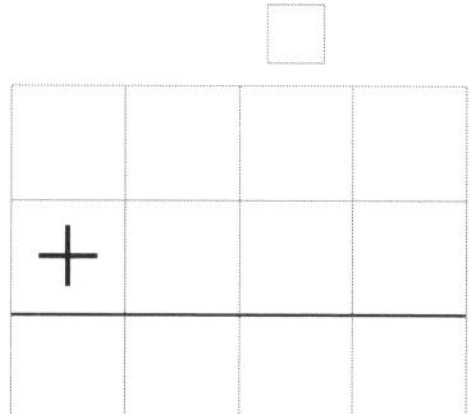

⑧ 654+217

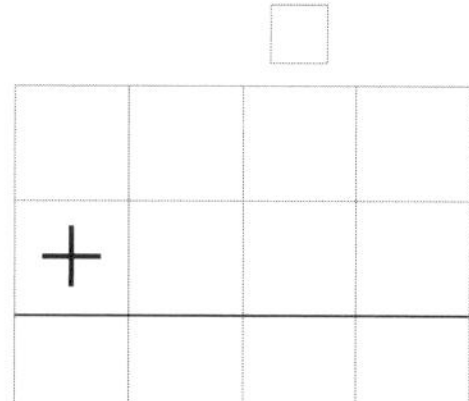

⑨ 248+532

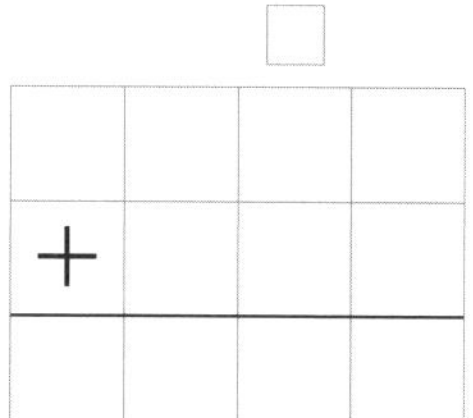

⑩ 606+275

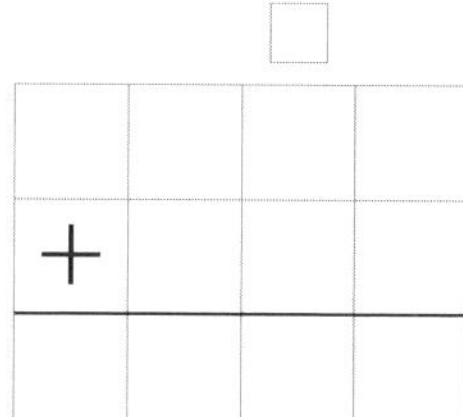

⑪ 739+253

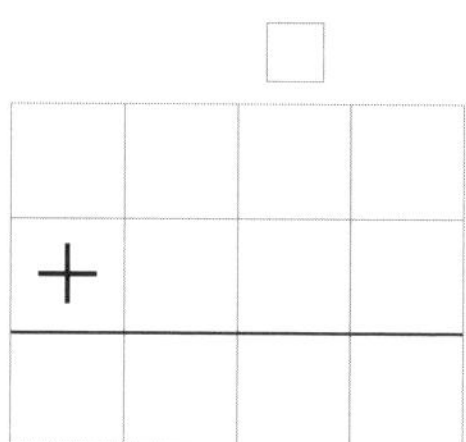

⑫ 556+418

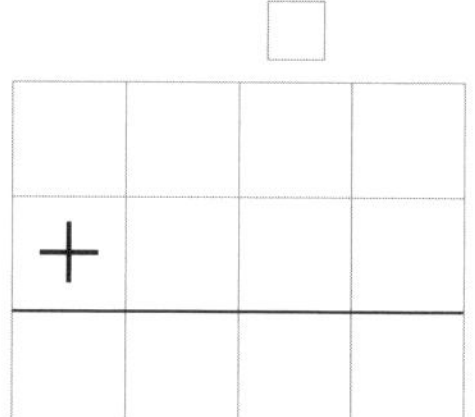

집중 시간 4분

덧셈을 하세요.

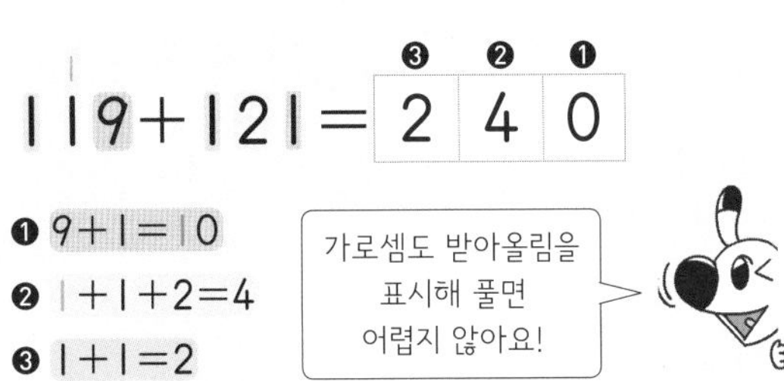
119+121= 2 4 0
❶ 9+1=10
❷ 1+1+2=4
❸ 1+1=2
가로셈도 받아올림을 표시해 풀면 어렵지 않아요!

⑥ 263+717=

① 234+148=

⑦ 509+216=

② 127+526=

⑧ 423+569=

③ 427+139=

⑨ 472+308=

④ 214+437=

⑩ 654+127=

⑤ 349+438=

일의 자리에서 받아올림한 수는 십의 자리로!

백	십	일

04 십의 자리에서 받아올림한 수는 백의 자리로!

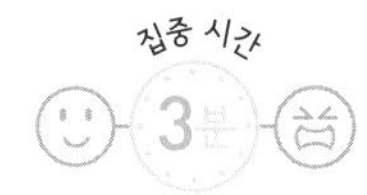
집중 시간
3분

덧셈을 하세요.

십의 자리에서 받아올림한 수

	1		
	1	5	2
+	2	8	4
	4	3	6

❶ 2+4=6
❷ 5+8=13
❸ 1+1+2=4

	백	십	일
①	2	5	4
+	2	7	3

	백	십	일
②	4	3	2
+	1	8	6

	백	십	일
③	3	7	1
+	2	5	2

	백	십	일
④	2	8	3
+	1	4	2

	백	십	일
⑤	2	5	0
+	3	9	8

	백	십	일
⑥	3	7	3
+	4	6	3

	백	십	일
⑦	4	9	7
+	4	8	2

	백	십	일
⑧	3	6	4
+	3	7	5

	백	십	일
⑨	2	2	3
+	6	8	4

	백	십	일
⑩	5	4	6
+	2	9	3

	백	십	일
⑪	6	8	2
+	1	8	5

집중 시간 3분

덧셈을 하세요.

① 235 + 190 =

② 254 + 365 =

③ 362 + 372 =

④ 483 + 395 =

⑤ 334 + 293 =

⑥ 490 + 287 =

⑦ 572 + 384 =

⑧ 646 + 273 =

⑨ 451 + 356 =

⑩ 263 + 594 =

⑪ 780 + 169 =

⑫ 343 + 472 =

고마워!
선물이야~
백
십
일

05 받아올림한 수는 꼭 백의 자리에서 더해

집중 시간
4분

세로셈으로 나타내고, 덧셈을 하세요.

① 342+263

1
3 4 2
+ 2 6 3
모눈에 각 자리 수끼리
맞추어 쓰면 계산이 쉬워져요.

② 275+441

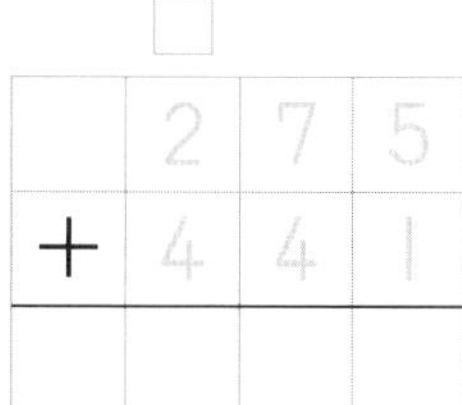
2 7 5
+ 4 4 1

③ 437+192

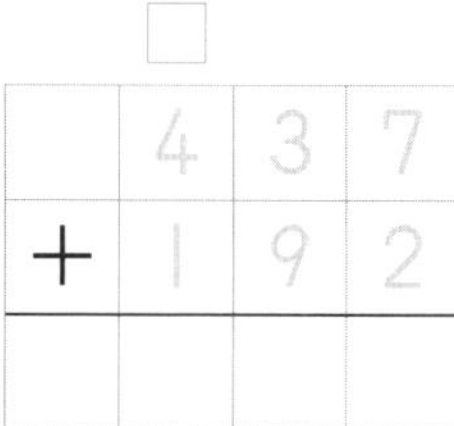
4 3 7
+ 1 9 2

④ 693+145

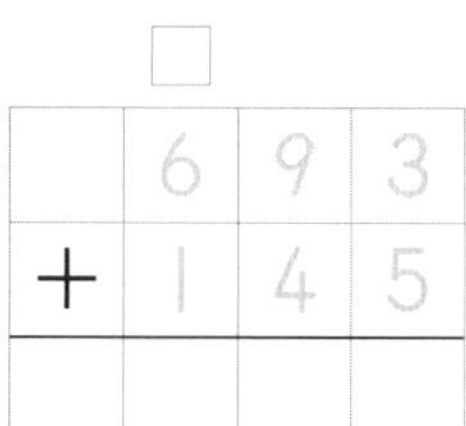
6 9 3
+ 1 4 5

⑤ 352+375

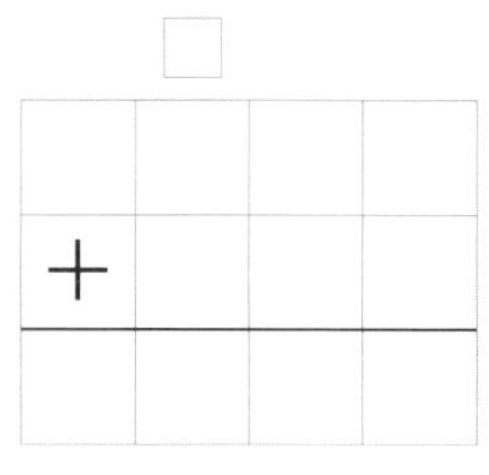
+

⑥ 562+164

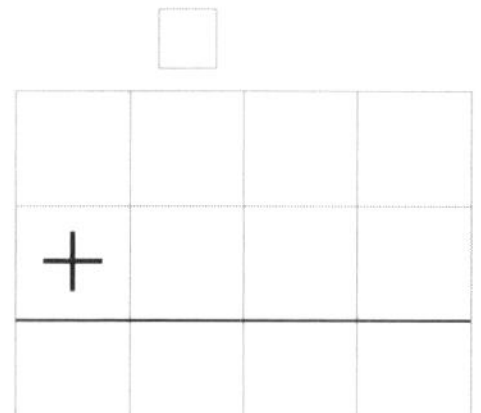
+

⑦ 541+382

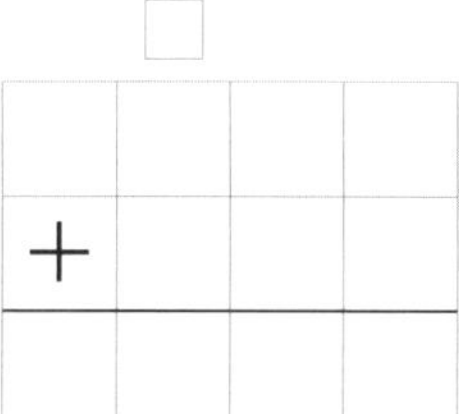
+

⑧ 686+273

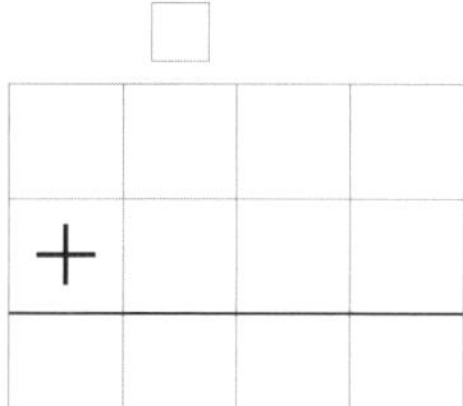
+

⑨ 453+251

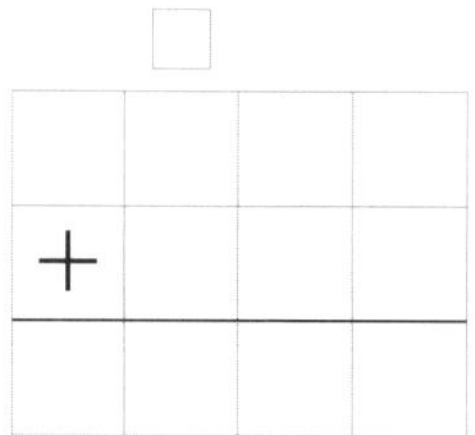
+

⑩ 465+353

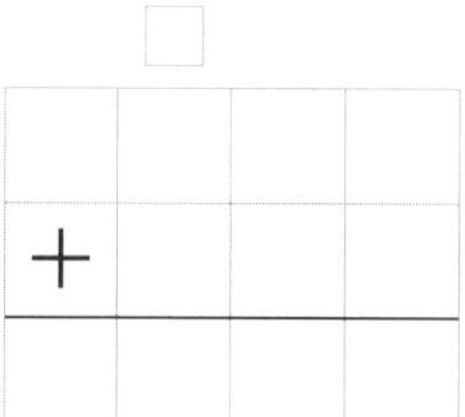
+

⑪ 276+692

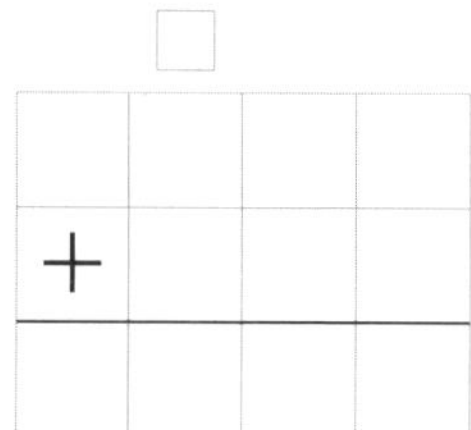
+

⑫ 764+174

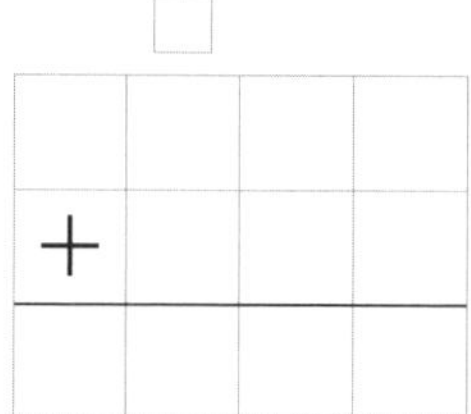
+

집중 시간 4분

덧셈을 하세요.

175+132= 3 0 7

❶ 5+2=7
❷ 7+3=10
❸ 1+1+1=3

① 213+192=

② 172+265=

③ 453+183=

④ 384+272=

⑤ 362+486=

⑥ 536+282=

⑦ 569+170=

⑧ 195+661=

⑨ 296+542=

⑩ 485+394=

십의 자리에서 받아올림한 수는 백의 자리로!
백 십 일

06 받아올림이 두 번 있는 덧셈

집중 시간
3분

덧셈을 하세요.

	백	십	일
	1	1	
	2	8	6
+	1	4	8
	4	3	4

❶ 6+8=14
❷ 1+8+4=13
❸ 1+2+1=4

① 279 + 253 =

② 374 + 256 =

③ 449 + 174 =

④ 132 + 589 =

⑤ 474 + 268 =

⑥ 356 + 387 =

⑦ 525 + 289 =

⑧ 263 + 457 =

⑨ 392 + 458 =

⑩ 539 + 398 =

⑪ 647 + 178 =

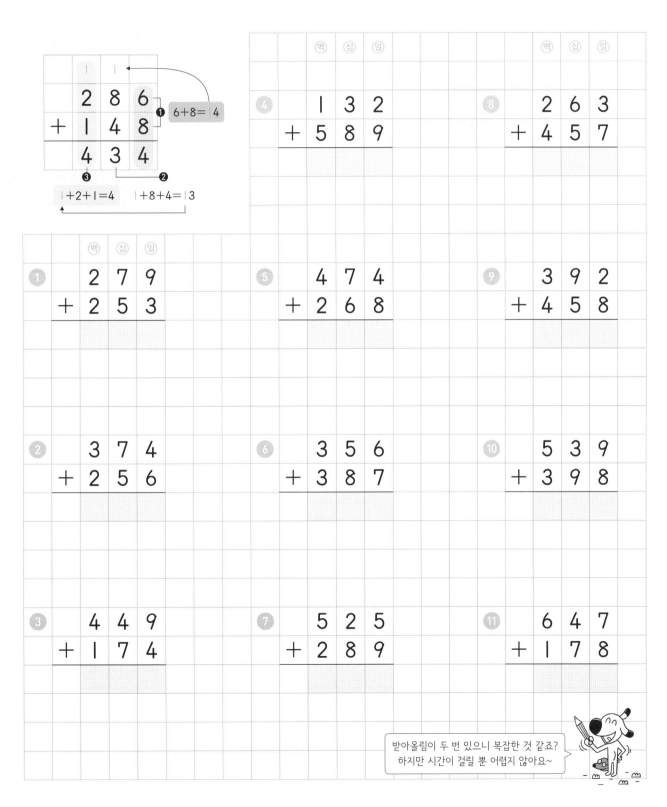

받아올림이 두 번 있으니 복잡한 것 같죠?
하지만 시간이 걸릴 뿐 어렵지 않아요~

집중 시간 3분

덧셈을 하세요.

	백	십	일
①	2	5	3
+	1	7	9

	백	십	일
②	1	6	8
+	3	4	5

	백	십	일
③	2	9	5
+	3	2	6

	백	십	일
④	4	9	7
+	2	3	9

	백	십	일
⑤	3	4	8
+	2	9	7

	백	십	일
⑥	2	5	4
+	4	6	7

	백	십	일
⑦	4	8	1
+	3	3	9

	백	십	일
⑧	2	9	8
+	5	6	8

	백	십	일
⑨	4	7	7
+	1	6	6

	백	십	일
⑩	5	4	6
+	3	7	5

	백	십	일
⑪	4	3	9
+	4	6	2

	백	십	일
⑫	6	8	5
+	2	3	7

내가 먼저 줄게~
백
십
일
고마워.
이젠 내 차례!
백
십
일

07 받아올림이 두 번 있는 덧셈 집중 연습

집중 시간
4분

덧셈을 하세요.

①
$$\begin{array}{r} 373 \\ +158 \\ \hline \end{array}$$

②
$$\begin{array}{r} 395 \\ +216 \\ \hline \end{array}$$

③
$$\begin{array}{r} 289 \\ +427 \\ \hline \end{array}$$

④
$$\begin{array}{r} 138 \\ +295 \\ \hline \end{array}$$

⑤
$$\begin{array}{r} 243 \\ +387 \\ \hline \end{array}$$

⑥
$$\begin{array}{r} 145 \\ +679 \\ \hline \end{array}$$

⑦
$$\begin{array}{r} 352 \\ +489 \\ \hline \end{array}$$

⑧
$$\begin{array}{r} 568 \\ +234 \\ \hline \end{array}$$

⑨
$$\begin{array}{r} 437 \\ +476 \\ \hline \end{array}$$

⑩
$$\begin{array}{r} 679 \\ +251 \\ \hline \end{array}$$

받아올림을 표시하고 계산해야
실수를 줄일 수 있어요.
백의 자리
십의 자리
일의 자리

⑪
$$\begin{array}{r} 357 \\ +247 \\ \hline \end{array}$$

⑫
$$\begin{array}{r} 438 \\ +378 \\ \hline \end{array}$$

⑬
$$\begin{array}{r} 699 \\ +299 \\ \hline \end{array}$$

집중 시간 4분

덧셈을 하세요.

$293+129=422$

❶ 3+9=12
❷ 1+9+2=12
❸ 1+2+1=4

① 186+337=

② 278+265=

③ 389+428=

④ 594+336=

⑤ 777+145=

앗! 실수

⑥ 407+296=

⑦ 227+678=

⑧ 348+472=

⑨ 475+299=

* 계산이 빨라지는 신기한 비법

475+299 (300보다 1만큼 더 작은 수)
=475+300−1
=775−1
=774

(세 자리 수)+(몇백에 가까운 수)는
몇백에 가까운 수를
몇백과 몇으로 나누어 계산하면 편리해요.

08 받아올림이 세 번 있는 덧셈

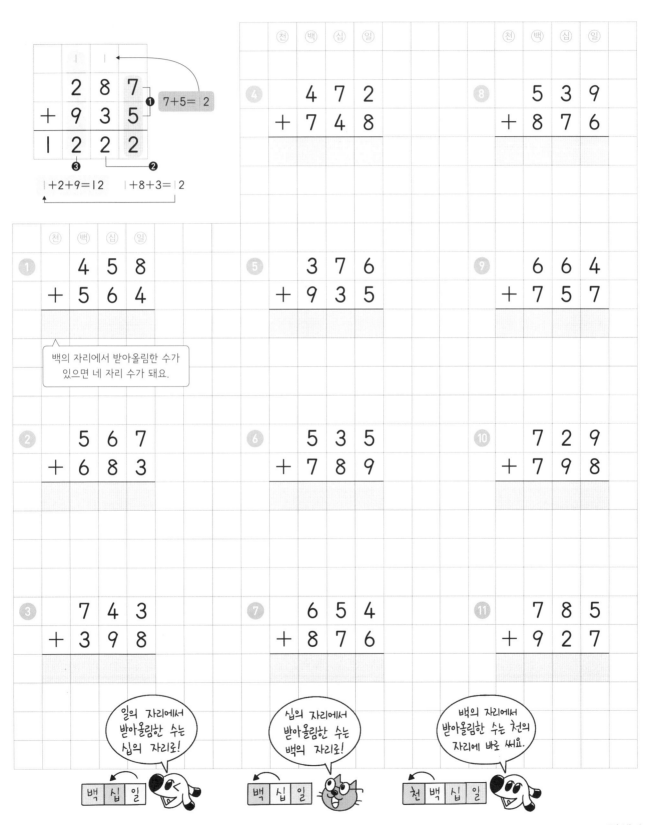

집중 시간
4분

덧셈을 하세요.

예시:

	천	백	십	일
		1	1	
		2	8	7
+		9	3	5
	1	2	2	2

❶ 7+5=12
❷ 1+8+3=12
❸ 1+2+9=12

① 458 + 564 =

백의 자리에서 받아올림한 수가 있으면 네 자리 수가 돼요.

② 567 + 683 =

③ 743 + 398 =

④ 472 + 748 =

⑤ 376 + 935 =

⑥ 535 + 789 =

⑦ 654 + 876 =

⑧ 539 + 876 =

⑨ 664 + 757 =

⑩ 729 + 798 =

⑪ 785 + 927 =

일의 자리에서 받아올림한 수는 십의 자리로!
백 십 일

십의 자리에서 받아올림한 수는 백의 자리로!
백 십 일

백의 자리에서 받아올림한 수는 천의 자리에 바로 써요.
천 백 십 일

집중 시간
4분

덧셈을 하세요.

여기까지 풀다니 정말 대단해요!
조금만 더 힘내요!

번호	천	백	십	일
①		4	7	6
	+	6	7	9

번호	천	백	십	일
②		5	7	4
	+	6	2	8

번호	천	백	십	일
③		6	2	9
	+	6	9	5

번호	천	백	십	일
④		7	8	6
	+	4	2	7

번호	천	백	십	일
⑤		5	6	7
	+	5	7	4

번호	천	백	십	일
⑥		6	4	9
	+	8	7	9

번호	천	백	십	일
⑦		8	3	7
	+	5	8	5

번호	천	백	십	일
⑧		9	5	9
	+	4	5	6

번호	천	백	십	일
⑨		6	8	6
	+	9	9	5

번호	천	백	십	일
⑩		8	4	3
	+	7	8	7

번호	천	백	십	일
⑪		9	1	2
	+	6	8	9

번호	천	백	십	일
⑫		7	6	8
	+	8	9	3

받아올림이 세 번 있는 덧셈은 어려우니 한 번 더!

집중 시간
4분

덧셈을 하세요.

①
	천	백	십	일
		3	8	9
	+	7	2	1
	1	1	1	0

②
천	백	십	일
	5	3	4
+	7	9	6

③
천	백	십	일
	4	3	6
+	9	6	8

④
천	백	십	일
	6	8	7
+	7	5	9

⑤
천	백	십	일
	5	5	4
+	9	8	7

⑥
천	백	십	일
	4	6	8
+	8	5	7

⑦
천	백	십	일
	6	4	5
+	5	8	6

⑧
천	백	십	일
	7	6	2
+	9	7	8

⑨
천	백	십	일
	7	6	7
+	5	9	8

⑩
천	백	십	일
	6	6	9
+	4	3	5

앗! 실수

⑪
천	백	십	일
	4	1	5
+	5	8	7

십의 자리와 백의 자리에 모두 받아올림이 있어요. 조심해요!

⑫
천	백	십	일
	3	7	4
+	6	2	9

집중 시간 4분

덧셈을 하세요.

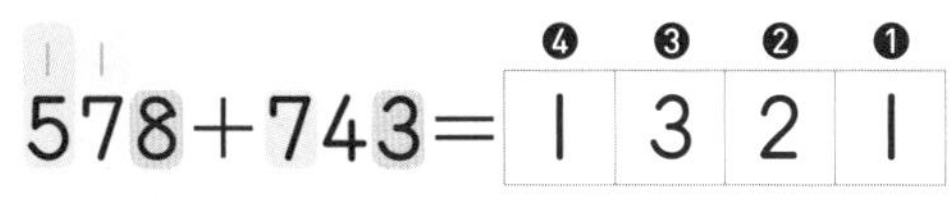
578+743=1321

❶ 8+3=11
❷ 1+7+4=12
❸ 1+5+7=13

백의 자리에서 받아올림한 수는 바로 천의 자리에 써요.

① 639+493=

② 786+527=

③ 419+897=

④ 954+698=

⑤ 886+697=

⑥ 437+865=

⑦ 248+972=

⑧ 789+211=

⑨ 379+686=

❸
❷
❶
짠!
주면
주고
주고
천
백
백
십
십
일

10 받아올림한 수를 잊지 말고 더하자

집중 시간
5분

세로셈으로 나타내고, 덧셈을 하세요.

① 124+198

	1	1	
	1	2	4
+	1	9	8

② 245+256

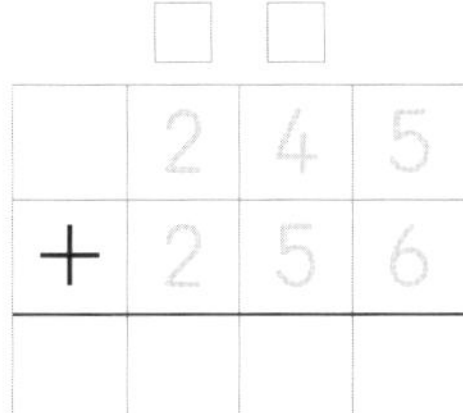
2 4 5
+ 2 5 6

③ 347+897

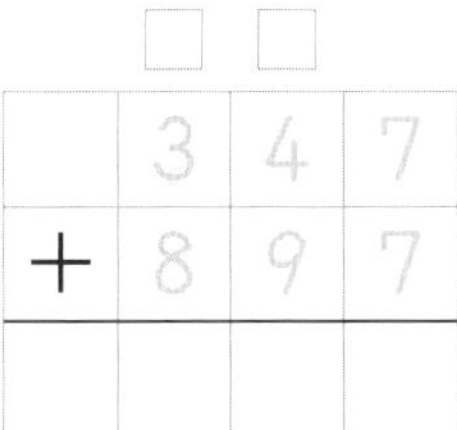
3 4 7
+ 8 9 7

④ 489+625

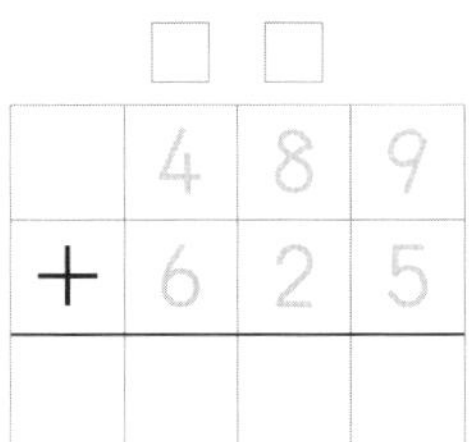
4 8 9
+ 6 2 5

⑤ 567+758

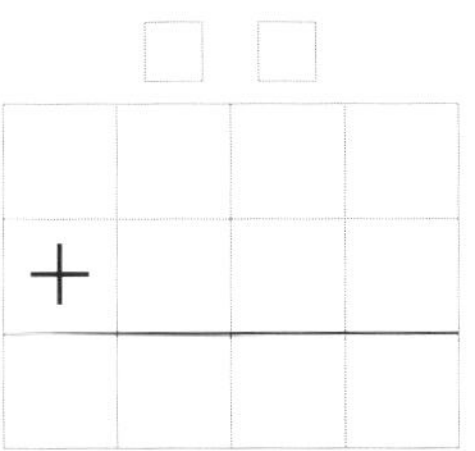
+

⑥ 268+554

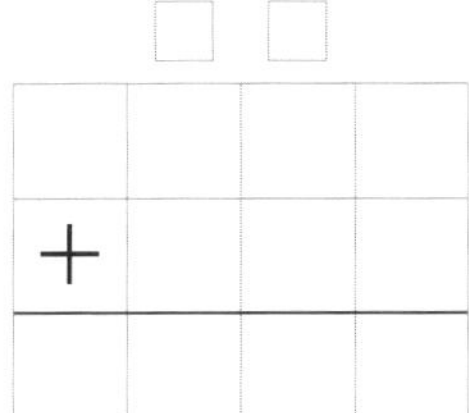
+

⑦ 734+586

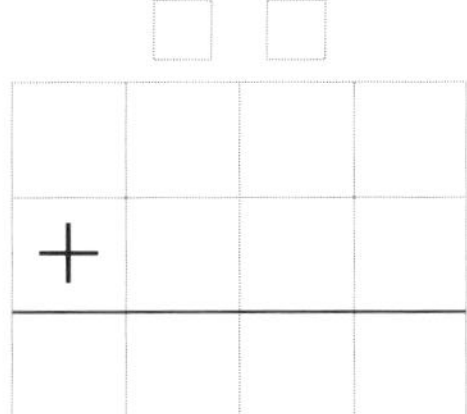
+

⑧ 721+199

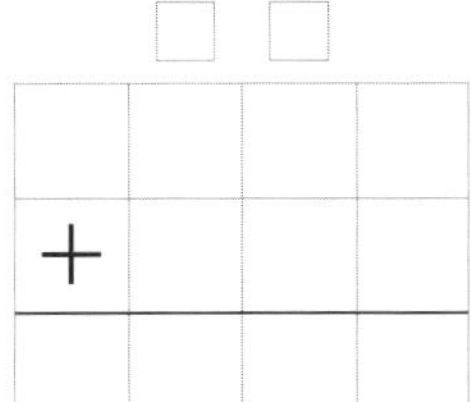
+

⑨ 239+284

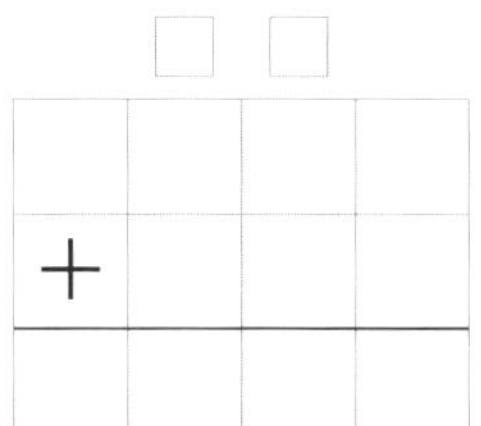
+

⑩ 894+587

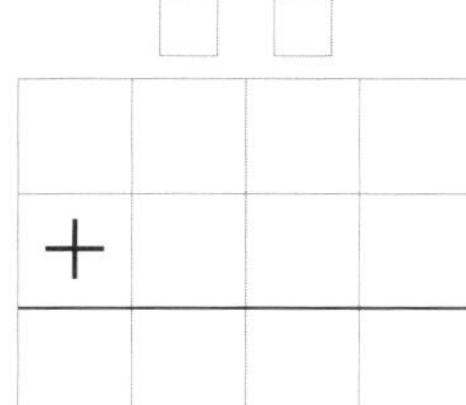
+

⑪ 754+196

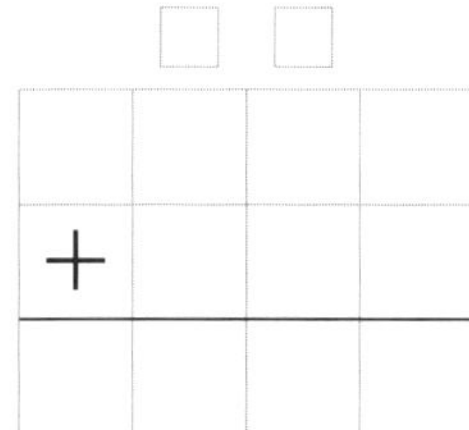
+

⑫ 887+824

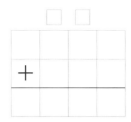

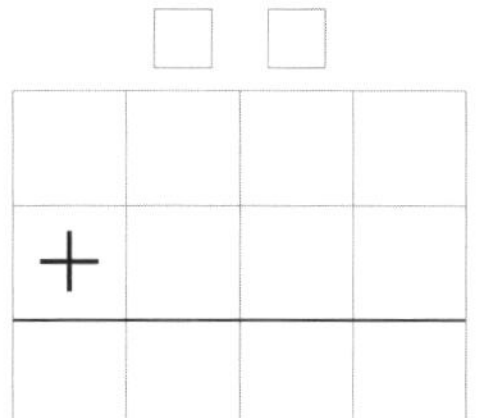
+

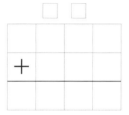

집중 시간 5분

덧셈을 하세요.

세로셈으로 바꾸어 풀면 실수를 줄일 수 있어요.

1. 583+847=
2. 791+679=
3. 357+487=
4. 836+668=
5. 624+278=
6. 219+483=
7. 769+987=
8. 799+191=
9. 928+974=
10. 239+692=
11. 618+985=

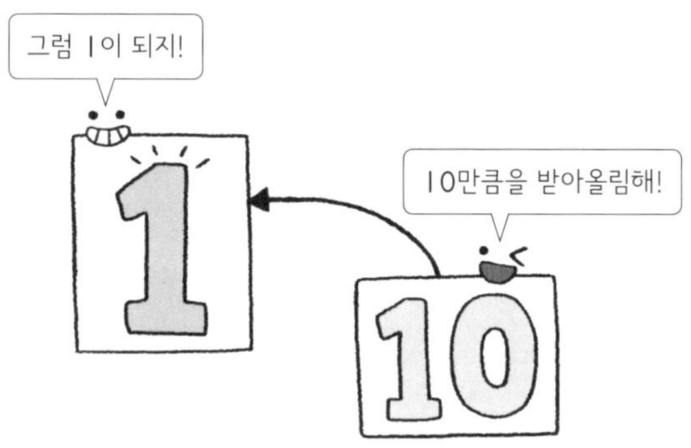
그럼 1이 되지!
10만큼을 받아올림해!
1
10

11 생활 속 연산 – 덧셈

집중 시간
4분

그림을 보고 □ 안에 알맞은 수를 써넣으세요.

1

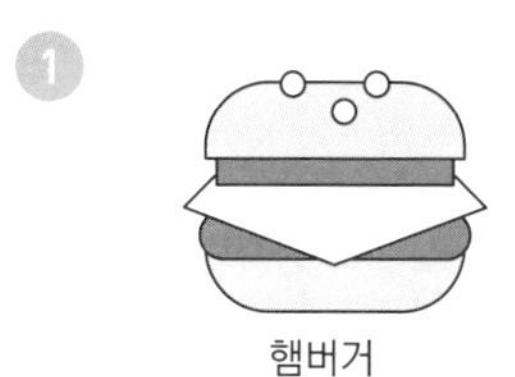
햄버거
248킬로칼로리

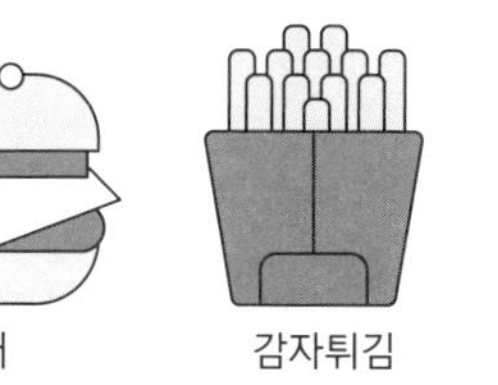
감자튀김
447킬로칼로리

음식에 들어 있는 에너지를 말해요.
이 에너지로 운동을 하고 체온도 일정하게 유지해요.

햄버거 열량은 248킬로칼로리, 감자튀김은 447킬로칼로리입니다. 햄버거와 감자튀김의 열량을 더하면 □ 킬로칼로리입니다.

*킬로칼로리는 열량을 나타내는 단위로 'kcal'라고 써요.

2

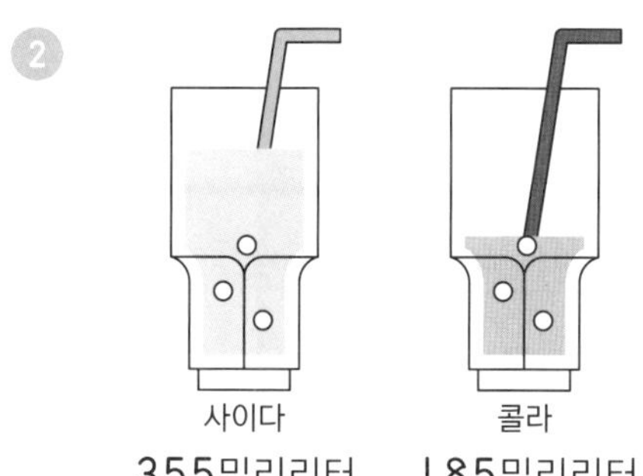
사이다
355밀리리터
콜라
185밀리리터

사이다 355밀리리터와 콜라 185밀리리터가 있습니다. 사이다와 콜라는 모두 □ 밀리리터입니다.

*밀리리터는 액체의 부피를 나타내는 단위로 'mL'라고 써요.

3

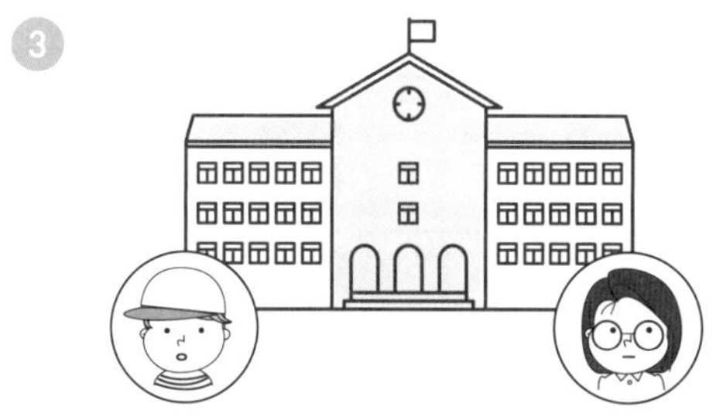

주원이네 학교 3학년 남학생은 157명이고, 여학생은 165명입니다. 주원이네 학교 3학년 전체 학생은 □ 명입니다.

4

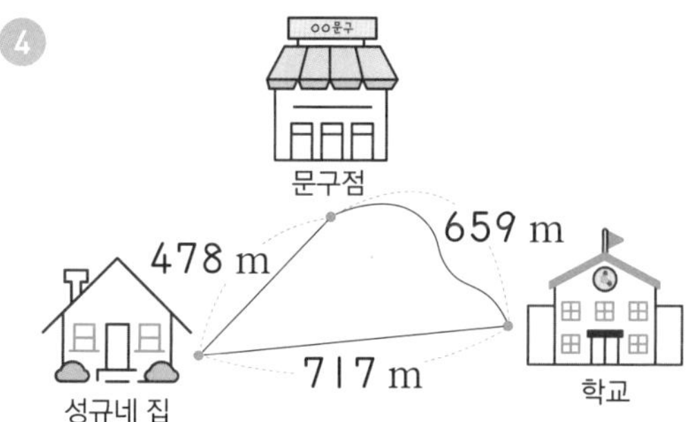
○○문구
문구점
478 m
659 m
717 m
성규네 집
학교

성규네 집에서 문구점을 지나 학교까지의 거리는 □ m입니다.

이수네 학교에서 체육대회를 하고 있습니다. 지금까지 획득한 점수가 더 높은 팀은 어느 팀일까요?

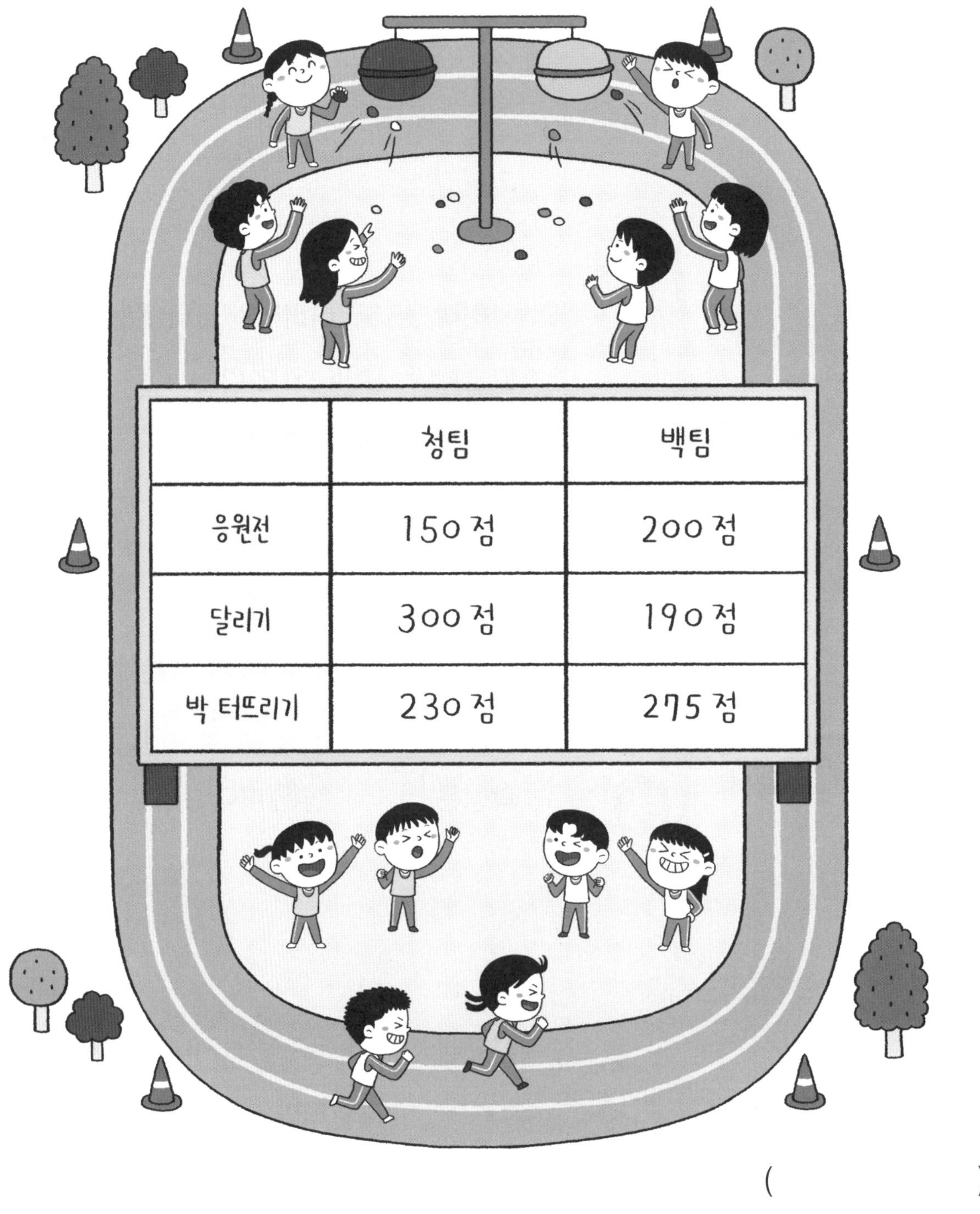

	청팀	백팀
응원전	150점	200점
달리기	300점	190점
박 터뜨리기	230점	275점

(　　　　　　)

첫째 마당 통과 문제

*틀린 문제는 꼭 다시 확인하고 넘어가요!

※ □ 안에 알맞은 수를 써넣으세요.

①
$$\begin{array}{r} 129 \\ +\,240 \\ \hline \square \end{array}$$

②
$$\begin{array}{r} 512 \\ +\,245 \\ \hline \square \end{array}$$

③
$$\begin{array}{r} 149 \\ +\,224 \\ \hline \square \end{array}$$

④
$$\begin{array}{r} 417 \\ +\,309 \\ \hline \square \end{array}$$

⑤
$$\begin{array}{r} 353 \\ +\,296 \\ \hline \square \end{array}$$

⑥
$$\begin{array}{r} 504 \\ +\,498 \\ \hline \square \end{array}$$

⑦
$$\begin{array}{r} 157 \\ +\,649 \\ \hline \square \end{array}$$

⑧
$$\begin{array}{r} 678 \\ +\,496 \\ \hline \square \end{array}$$

⑨ $610+154=\square$

⑩ $219+370=\square$

⑪ $548+329=\square$

⑫ $489+625=\square$

⑬ $248+972=\square$

⑭ $379+686=\square$

⑮ 문구점에 가위가 123개, 풀이 276개 있습니다. 문구점에 있는 가위와 풀은 모두 □개입니다.

오늘 공부한 단계를 색칠해 보세요!

12 13 14 15 16 17

둘째 마당

뺄셈

19

18

21

22

20

바빠 개념 쏙쏙!

받아내림이 있는 세 자리 수의 뺄셈

같은 자리 수끼리 뺄 수 없으면 바로 윗자리에서 받아내림하여 계산합니다.

• 받아내림이 한 번 있는 뺄셈

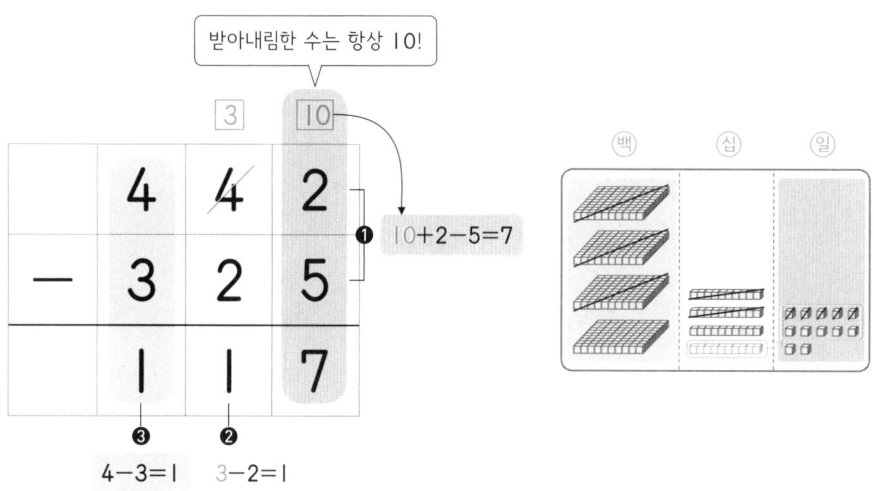
받아내림한 수는 항상 10!
3
10
4
4
2
−
3
2
5
1
1
7
❶ 10+2−5=7
❷ 3−2=1
❸ 4−3=1
백
십
일

• 받아내림이 두 번 있는 뺄셈

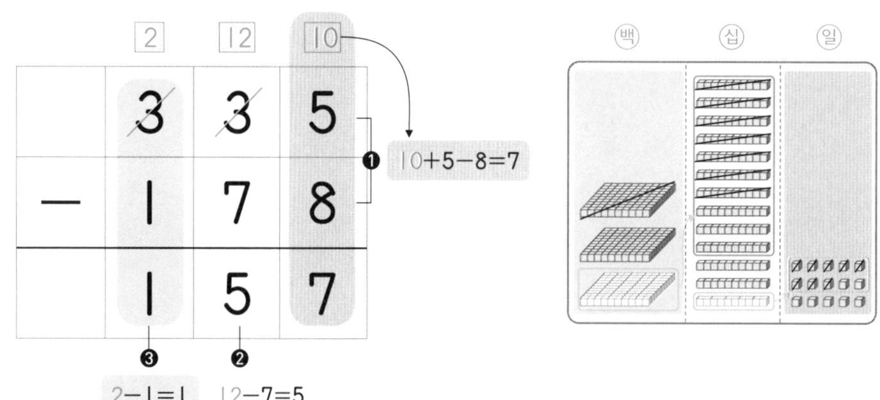
2
12
10
3
3
5
−
1
7
8
1
5
7
❶ 10+5−8=7
❷ 12−7=5
❸ 2−1=1
백
십
일

12 세 자리 수의 뺄셈도 같은 자리 수끼리 빼자

집중 시간
2분

뺄셈을 하세요.

	백	십	일
	❸	❷	❶
①	2	7	5
−	1	2	3
	1	5	2

	백	십	일
②	3	5	7
−	1	4	0

	백	십	일
③	7	7	8
−	4	0	3

	백	십	일
④	6	5	4
−	4	3	0

	백	십	일
⑤	3	9	8
−	2	7	6

	백	십	일
⑥	4	5	3
−	3	1	2

	백	십	일
⑦	5	8	6
−	2	7	4

	백	십	일
⑧	7	4	9
−	3	4	1

	백	십	일
⑨	4	5	9
−	2	2	8

	백	십	일
⑩	7	2	6
−	5	1	5

	백	십	일
⑪	6	7	5
−	3	3	5

	백	십	일
⑫	8	2	8
−	5	0	4

집중 시간 2분

빼셈을 하세요.

① 357－145＝ 2 1 2

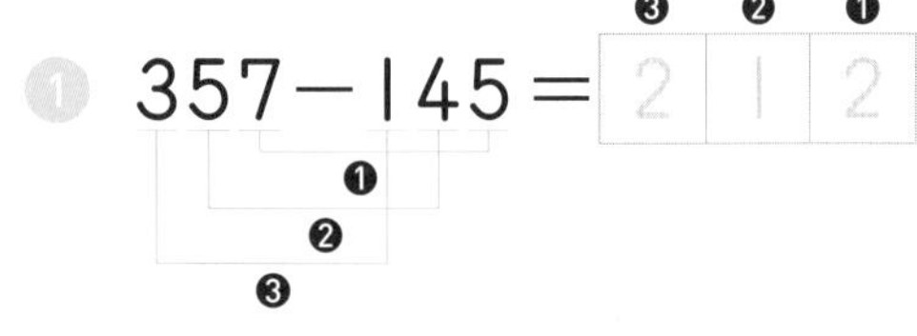
가로셈도 일의 자리부터 차례대로
같은 자리 수끼리 계산해 봐요!

② 248－130＝

③ 572－241＝

④ 674－472＝

⑤ 705－405＝

⑥ 738－317＝

⑦ 498－224＝

⑧ 629－303＝

⑨ 586－113＝

⑩ 758－311＝

⑪ 887－252＝

⑫ 979－423＝

13 뺄 수 없으면 십의 자리에서 받아내림하자

집중 시간
3분

뺄셈을 하세요.

	6	10
2	7	5
− 1	4	8
1	2	7

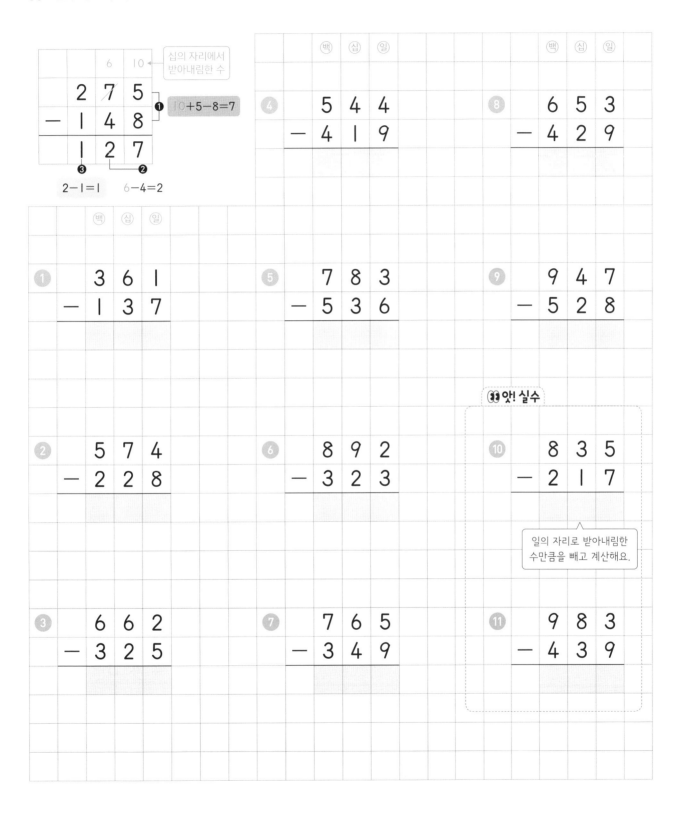

십의 자리에서 받아내림한 수

❶ 10+5−8=7

❷ 6−4=2

❸ 2−1=1

	백	십	일
①	3	6	1
−	1	3	7

	백	십	일
②	5	7	4
−	2	2	8

	백	십	일
③	6	6	2
−	3	2	5

	백	십	일
④	5	4	4
−	4	1	9

	백	십	일
⑤	7	8	3
−	5	3	6

	백	십	일
⑥	8	9	2
−	3	2	3

	백	십	일
⑦	7	6	5
−	3	4	9

	백	십	일
⑧	6	5	3
−	4	2	9

	백	십	일
⑨	9	4	7
−	5	2	8

앗! 실수

	백	십	일
⑩	8	3	5
−	2	1	7

일의 자리로 받아내림한 수만큼을 빼고 계산해요.

	백	십	일
⑪	9	8	3
−	4	3	9

13

집중 시간 3분

빼셈을 하세요.

십의 자리에서 일의 자리로 받아내림하면
십의 자리 수가 1만큼 작아진다는 것을 잊지 말아요!

(백 십 일)

①
$$\begin{array}{r} 452 \\ -\ 236 \\ \hline \end{array}$$

②
$$\begin{array}{r} 334 \\ -\ 215 \\ \hline \end{array}$$

③
$$\begin{array}{r} 647 \\ -\ 239 \\ \hline \end{array}$$

④
$$\begin{array}{r} 781 \\ -\ 453 \\ \hline \end{array}$$

⑤
$$\begin{array}{r} 665 \\ -\ 519 \\ \hline \end{array}$$

⑥
$$\begin{array}{r} 853 \\ -\ 446 \\ \hline \end{array}$$

⑦
$$\begin{array}{r} 768 \\ -\ 239 \\ \hline \end{array}$$

⑧
$$\begin{array}{r} 984 \\ -\ 315 \\ \hline \end{array}$$

⑨
$$\begin{array}{r} 876 \\ -\ 728 \\ \hline \end{array}$$

⑩
$$\begin{array}{r} 891 \\ -\ 684 \\ \hline \end{array}$$

⑪
$$\begin{array}{r} 782 \\ -\ 443 \\ \hline \end{array}$$

* 계산이 빨라지는 신기한 비법!

$$\begin{array}{r} 782 \\ -\ 443 \\ \hline 9 \end{array}$$

3−2=1

↰ 방향으로 일의 자리 두 수를 뺀 값을 10에서 빼면 답은 9!

14 받아내림하면 십의 자리 숫자는 1 작아져!

집중 시간
4분

세로셈으로 나타내고, 뺄셈을 하세요.

① 324－116

	1	10

	3	2	4
－	1	1	6

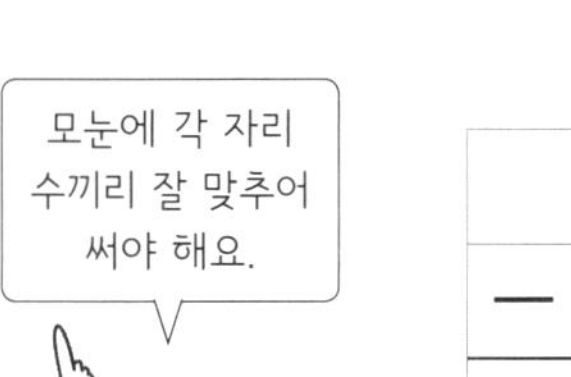

모눈에 각 자리
수끼리 잘 맞추어
써야 해요.

② 450－313

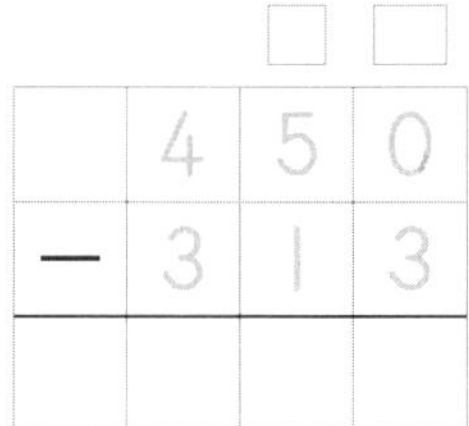

4 5 0
－ 3 1 3

③ 242－125

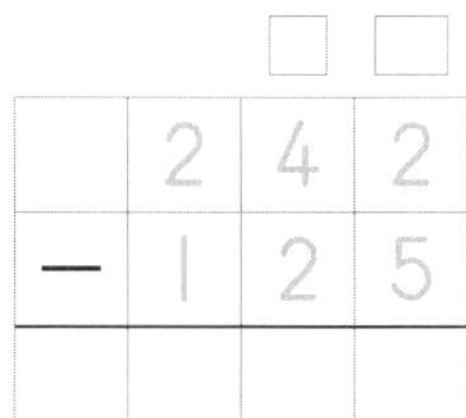

2 4 2
－ 1 2 5

④ 571－342

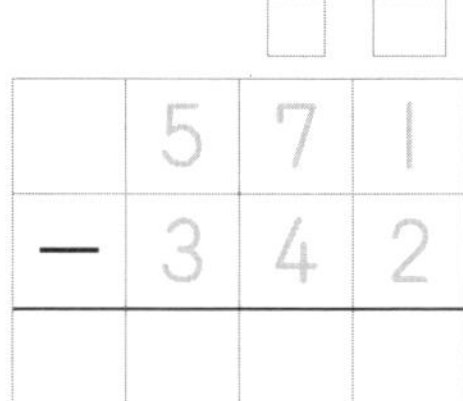

5 7 1
－ 3 4 2

⑤ 470－125

－			

⑥ 528－419

⑦ 933－716

⑧ 765－538

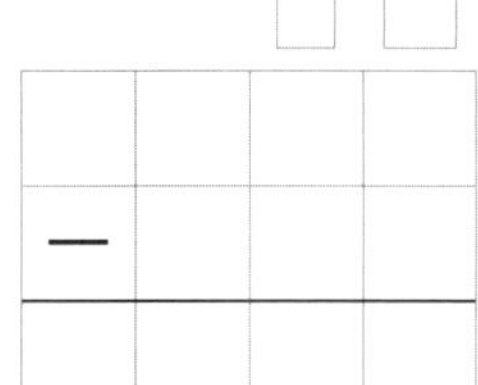

⑨ 785－426

⑩ 837－529

⑪ 986－438

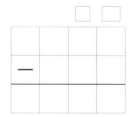

자, 줄게.
더해서 써.
10
백 십 일

집중 시간 4분

빨셈을 하세요.

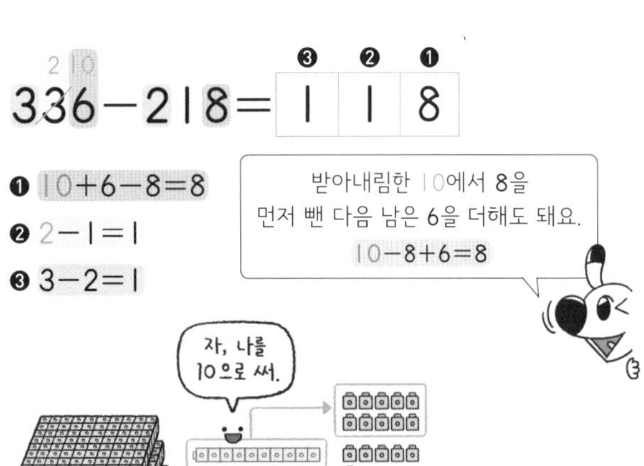
336−218= 1 1 8
❶ 10+6−8=8
❷ 2−1=1
❸ 3−2=1
받아내림한 10에서 8을
먼저 뺀 다음 남은 6을 더해도 돼요.
10−8+6=8
자, 나를
10으로 써.

❶ 684−207=

❷ 592−339=

❸ 724−118=

❹ 975−446=

❺ 694−386=

❻ 786−327=

❼ 892−438=

❽ 953−234=

앗! 실수

❾ 791−237=

❿ 827−609=

15

뺄 수 없으면 백의 자리에서 받아내림하자

집중 시간
3분

뺄셈을 하세요.

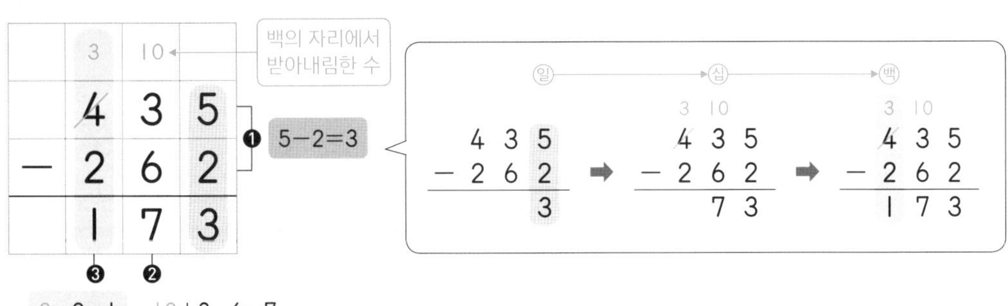
백의 자리에서 받아내림한 수
3 10
4 3 5
− 2 6 2
1 7 3
❶ 5−2=3
❸ 3−2=1
❷ 10+3−6=7
일 → 십 → 백

	백	십	일
❶	5	2	7
−	2	5	3

	백	십	일
❷	4	1	8
−	1	7	3

	백	십	일
❸	8	4	9
−	3	6	7

	백	십	일
❹	6	5	9
−	1	8	3

	백	십	일
❺	8	4	7
−	2	9	5

	백	십	일
❻	9	3	8
−	1	7	2

	백	십	일
❼	7	1	5
−	4	9	2

	백	십	일
❽	8	8	8
−	5	9	3

	백	십	일
❾	9	6	7
−	6	9	2

집중 시간 3분

빼셈을 하세요.

① 576 − 381

② 718 − 474

③ 638 − 282

④ 809 − 422

⑤ 639 − 358

⑥ 524 − 162

⑦ 827 − 394

⑧ 923 − 280

⑨ 767 − 591

⑩ 813 − 682

⑪ 779 − 296

* 계산이 빨라지는 신기한 비법!

$$\begin{array}{r} 779 \\ -\,296 \\ \hline 83 \end{array}$$

7−9처럼 빼지는 수(7)가 빼는 수 (9)보다 더 작을 때, 두 수의 차가 2이면 답은 10에서 2를 뺀 8이 돼요.

16 받아내림하면 백의 자리 숫자는 1 작아져!

집중 시간
4분

세로셈으로 나타내고, 뺄셈을 하세요.

❶ 337−152

	2	10	
	3	3	7
−	1	5	2

❷ 457−195

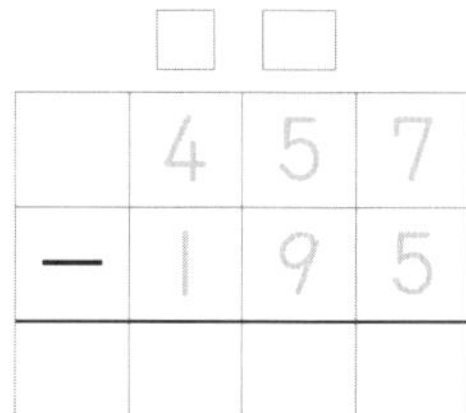

❸ 842−581

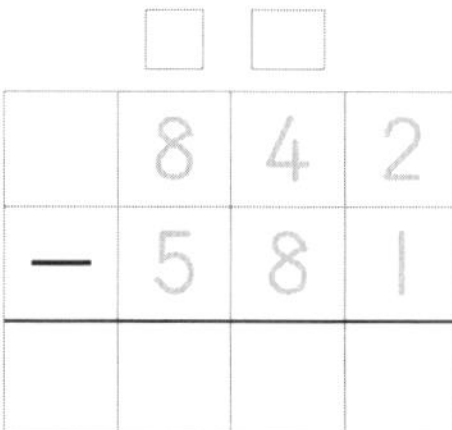

❹ 645−371

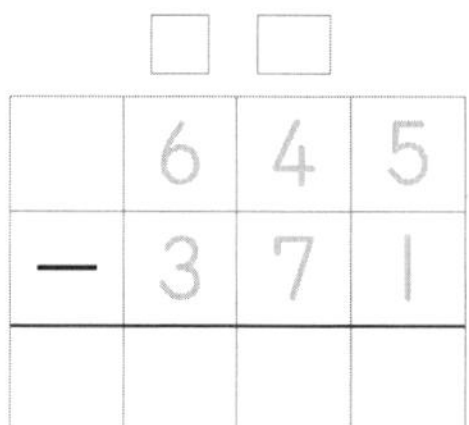

❺ 514−292

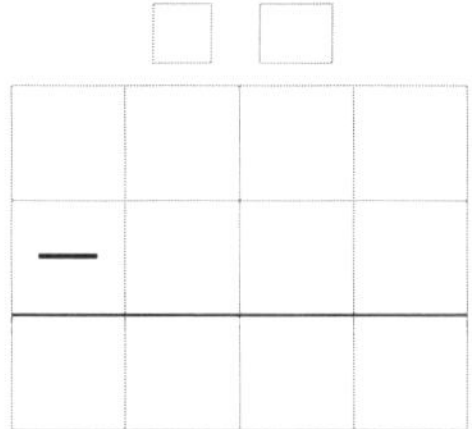

❻ 718−323

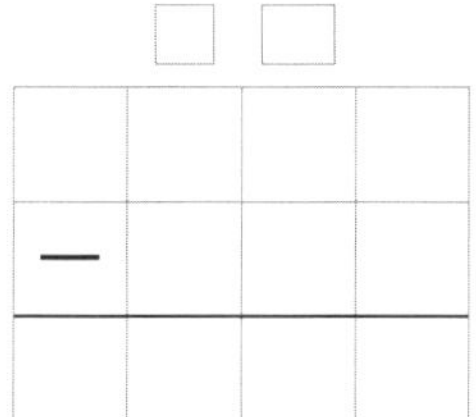

❼ 824−572

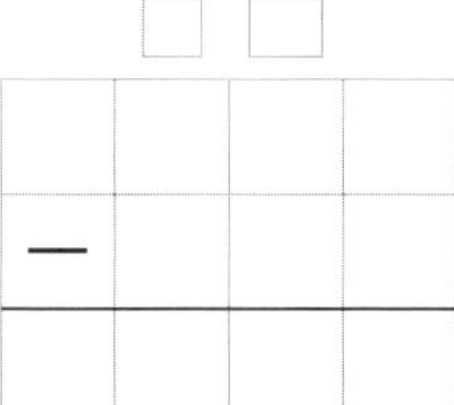

❽ 926−484

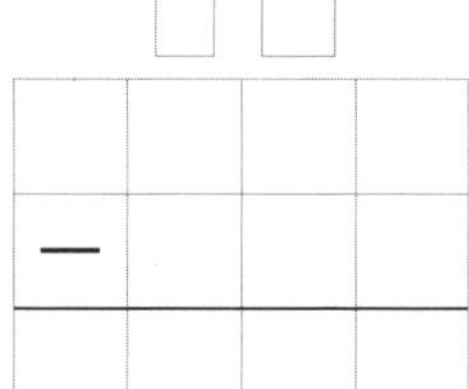

❾ 715−462

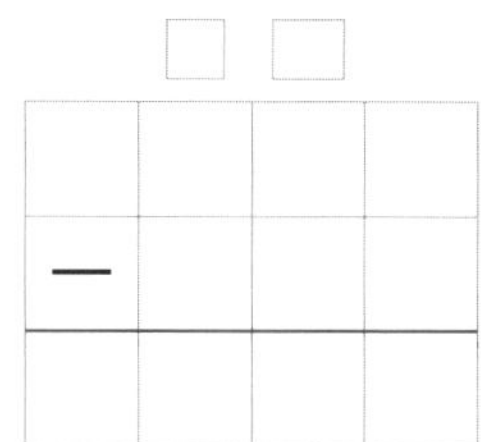

❿ 952−760

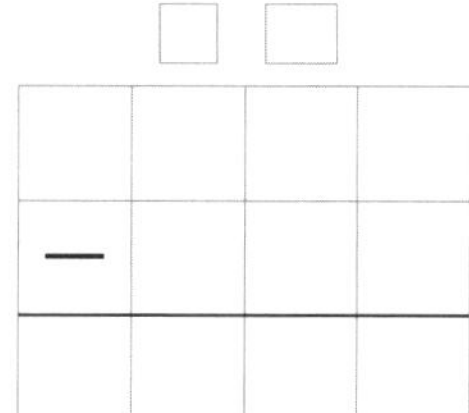

⓫ 737−164

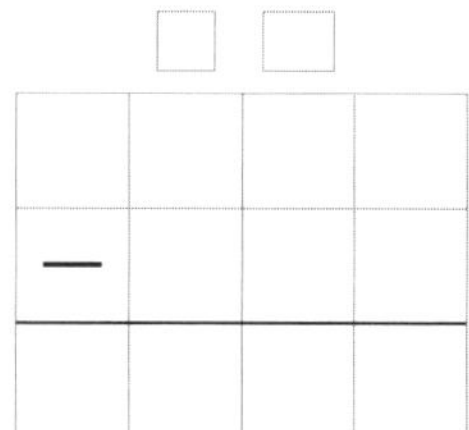

⓬ 829−248

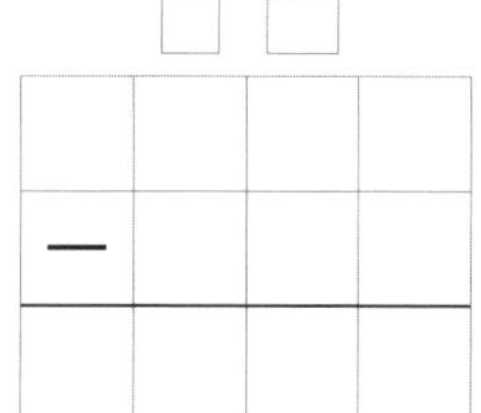

집중 시간 4분

빼셈을 하세요.

$\overset{3}{\cancel{4}}\overset{10}{2}5-283=$ | 1 | 4 | 2 |

❶ 5−3=2

❷ 10+2−8=4

❸ 3−2=1

자, 줄게.
더해서 써.
10
-1
백
십
일

① 678−495=

② 765−593=

③ 867−393=

④ 634−191=

⑤ 718−422=

⑥ 865−471=

⑦ 708−271=

⑧ 927−153=

앗! 실수

⑨ 946−380=

⑩ 827−672=

17 받아내림이 한 번 있는 뺄셈 집중 연습

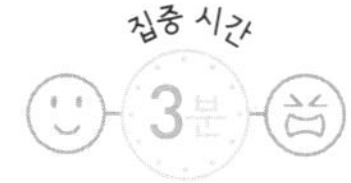
집중 시간
3분

뺄셈을 하세요.

1
$$\begin{array}{r} 763 \\ -129 \\ \hline \end{array}$$

2
$$\begin{array}{r} 515 \\ -262 \\ \hline \end{array}$$

3
$$\begin{array}{r} 482 \\ -135 \\ \hline \end{array}$$

4
$$\begin{array}{r} 687 \\ -394 \\ \hline \end{array}$$

5
$$\begin{array}{r} 823 \\ -518 \\ \hline \end{array}$$

6
$$\begin{array}{r} 567 \\ -181 \\ \hline \end{array}$$

7
$$\begin{array}{r} 795 \\ -538 \\ \hline \end{array}$$

8
$$\begin{array}{r} 967 \\ -648 \\ \hline \end{array}$$

9
$$\begin{array}{r} 848 \\ -266 \\ \hline \end{array}$$

10
$$\begin{array}{r} 912 \\ -250 \\ \hline \end{array}$$

11
$$\begin{array}{r} 826 \\ -119 \\ \hline \end{array}$$

12
$$\begin{array}{r} 940 \\ -617 \\ \hline \end{array}$$

13
$$\begin{array}{r} 652 \\ -382 \\ \hline \end{array}$$

10
10
백의 자리
십의 자리
일의 자리

집중 시간 3분

빈칸에 알맞은 수를 써넣으세요.

①

화살표 방향을 따라가며 두 수의 차를 구해 보세요.

563		
−245 →	318	
	−174 →	

③

754		
−428 →		
	−184 →	

계산해 보세요!

	5	6	3
−	2	4	5
	3	1	8

②

880		
−342 →		
	−293 →	

④

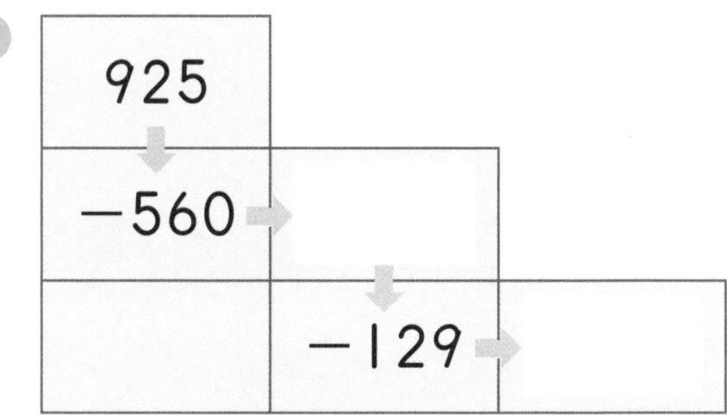
925
−560
−129

18 받아내림이 두 번 있는 뺄셈을 잘하는 게 핵심

집중 시간
4분

뺄셈을 하세요.

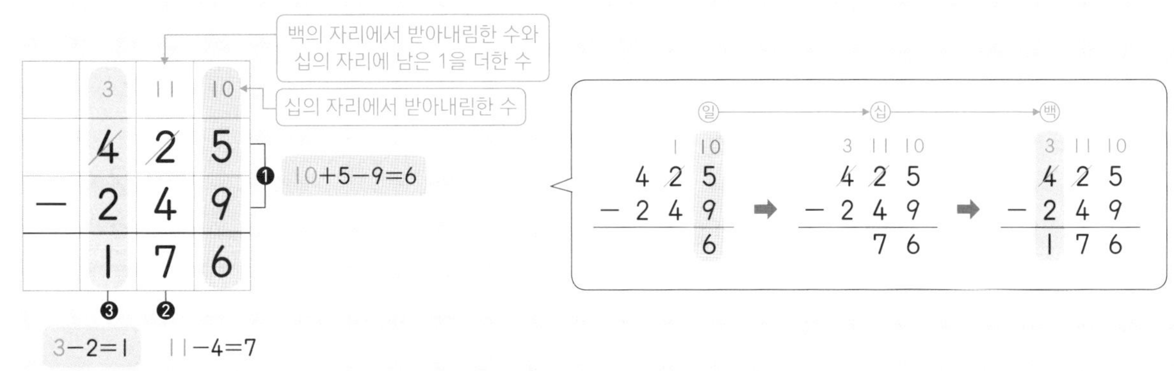

백의 자리에서 받아내림한 수와 십의 자리에 남은 1을 더한 수
십의 자리에서 받아내림한 수
10+5−9=6
3−2=1
11−4=7
일
십
백

❶ 534 − 187

❷ 742 − 285

❸ 611 − 228

❹ 637 − 359

❺ 542 − 197

❻ 823 − 367

❼ 856 − 269

❽ 943 − 379

❾ 962 − 599

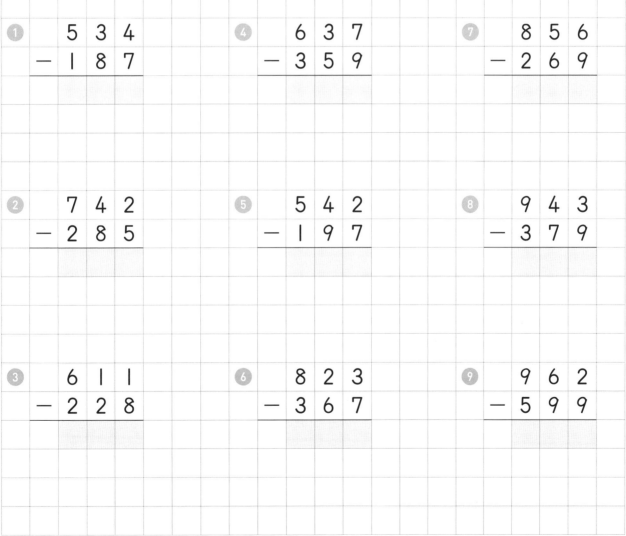

18

집중 시간
4분

빼셈을 하세요.

	백	십	일
①	4	4	1
−	1	7	9

일의 자리로 한 번, 십의 자리로 또 한 번! 두 번 받아내림해야 해요.

	백	십	일
②	5	3	4
−	2	6	5

	백	십	일
③	7	1	2
−	4	4	5

	백	십	일
④	6	7	6
−	2	8	9

	백	십	일
⑤	6	3	1
−	4	5	3

	백	십	일
⑥	8	4	3
−	5	9	5

	백	십	일
⑦	9	3	7
−	5	6	9

	백	십	일
⑧	7	2	3
−	2	8	5

	백	십	일
⑨	5	2	3
−	1	3	8

	백	십	일
⑩	7	1	4
−	3	5	8

	백	십	일
⑪	6	2	2
−	1	7	3

	백	십	일
⑫	8	6	5
−	3	7	6

19 실수 없게! 받아내림이 두 번 있는 뺄셈

집중 시간 4분

뺄셈을 하세요.

(백 십 일)

① 352 − 187

② 578 − 389

③ 642 − 379

④ 900 − 269

⑤ 423 − 268

⑥ 662 − 475

⑦ 713 − 527

⑧ 534 − 269

십의 자리에서 받아내림할 수 없으므로 백의 자리에서 받아내림해요.

⑨ 701 − 185

⑩ 827 − 489

* 주의해야 할 (몇백)−(세 자리 수) 계산
십의 자리 숫자가 0이므로 백의 자리에서 받아내림해요.
십의 자리 숫자 위에는 9를 쓰고 일의 자리 숫자 위에는 10을 써요.

900 − 269 ➡ (8 9 10) 900 − 269 ➡ (8 9 10) 900 − 269 = 631

집중 시간 4분

빨셈을 하세요.

① 433 − 159

② 502 − 279

③ 714 − 347

④ 845 − 169

⑤ 614 − 258

⑥ 720 − 284

⑦ 822 − 466

⑧ 913 − 524

⑨ 835 − 676

⑩ 903 − 716

앗! 실수

⑪ 716 − 297

(몇백)−(세 자리 수) 계산은
앞에서 배웠죠?
자신 있게 풀어 봐요!

⑫ 800 − 578

20 받아내림이 두 번 있는 뺄셈은 중요하니 한 번 더!

집중 시간
5분

세로셈으로 나타내고, 뺄셈을 하세요.

① 323－136

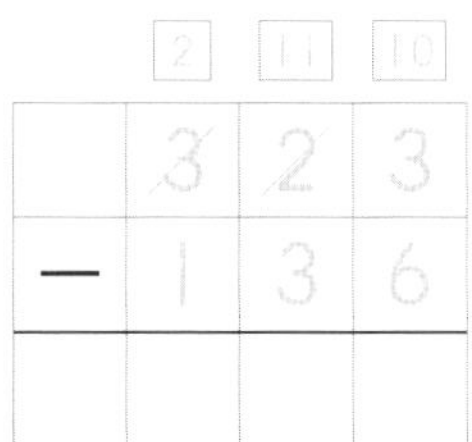

⑤ 530－359

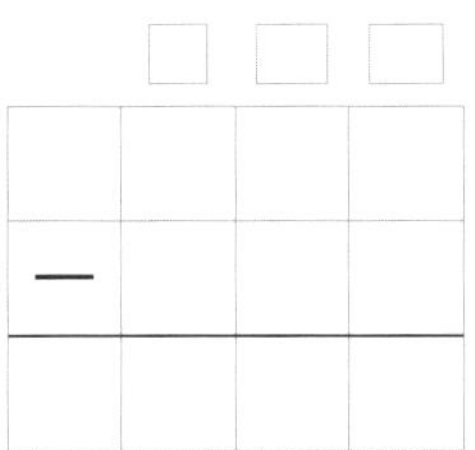

⑨ 744－569

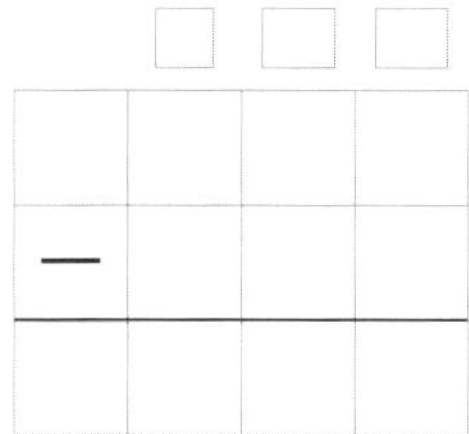

② 427－258

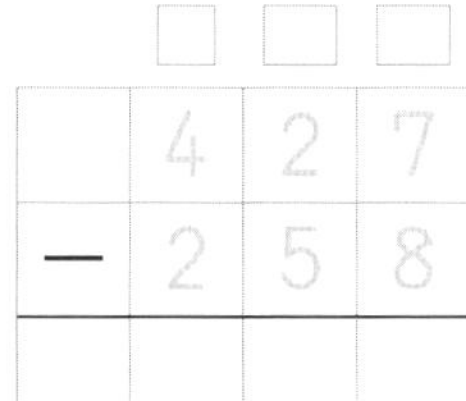

⑥ 643－354

⑩ 812－368

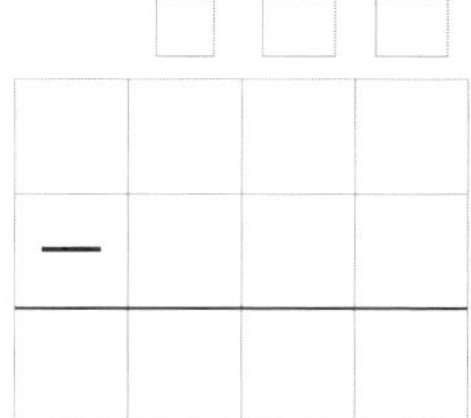

③ 655－488

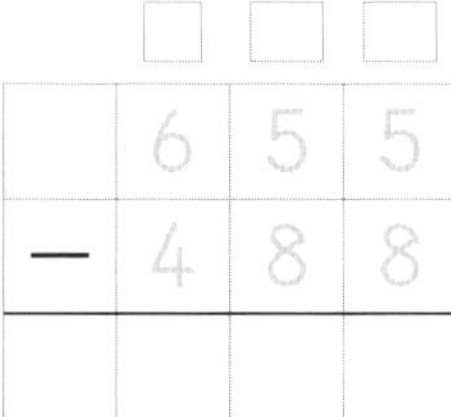

⑦ 731－457

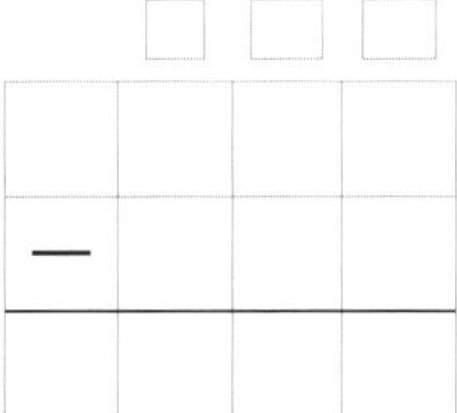

⑪ 911－622

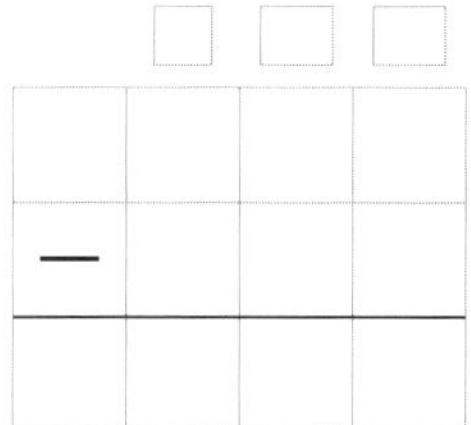

④ 717－249

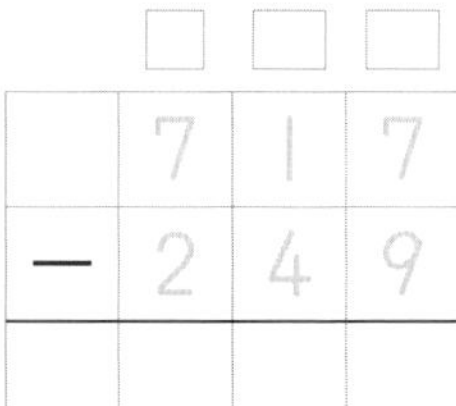

⑧ 964－395

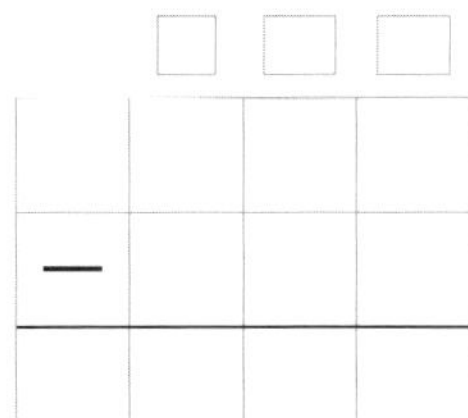

⑫ 806－288

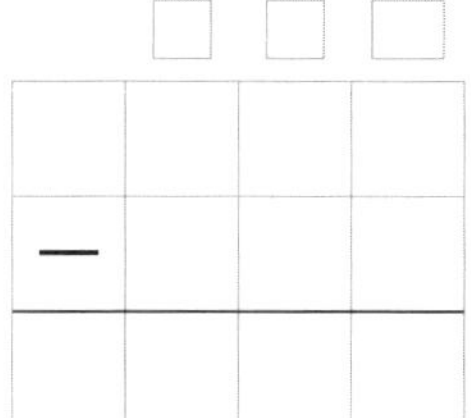

집중 시간 5분

빼셈을 하세요.

$$\overset{2\,10\,10}{3\,1\,7} - 159 = 158$$

❶ 10+7−9=8
❷ 10−5=5
❸ 2−1=1

① 430−255=

② 521−353=

③ 642−257=

④ 742−553=

⑤ 901−675=

앗! 실수

⑥ 812−725=

⑦ 800−299=

⑧ 900−397=

⑨ 701−178=

자, 줄게.
더해서 써.
10
-1
백
십
일

자, 줄게.
더해서 써.
10
10
-1
-1
백
십
일

21 받아내림이 두 번 있는 뺄셈 집중 연습

집중 시간
4분

뺄셈을 하세요.

앗! 실수

① $\begin{array}{r} 427 \\ -358 \\ \hline \end{array}$

② $\begin{array}{r} 758 \\ -279 \\ \hline \end{array}$

③ $\begin{array}{r} 931 \\ -858 \\ \hline \end{array}$

④ $\begin{array}{r} 612 \\ -437 \\ \hline \end{array}$

⑤ $\begin{array}{r} 821 \\ -556 \\ \hline \end{array}$

⑥ $\begin{array}{r} 526 \\ -277 \\ \hline \end{array}$

⑦ $\begin{array}{r} 856 \\ -367 \\ \hline \end{array}$

⑧ $\begin{array}{r} 725 \\ -436 \\ \hline \end{array}$

⑨ $\begin{array}{r} 888 \\ -299 \\ \hline \end{array}$

⑩ $\begin{array}{r} 723 \\ -365 \\ \hline \end{array}$

⑪ $\begin{array}{r} 816 \\ -319 \\ \hline \end{array}$

⑫ $\begin{array}{r} 920 \\ -347 \\ \hline \end{array}$

⑬ $\begin{array}{r} 603 \\ -385 \\ \hline \end{array}$

10
10
백의 자리
십의 자리
일의 자리

21

집중 시간
4분

두 수의 차가 ☐ 안의 수가 되도록 가로 또는 세로로 두 수를 묶어 보세요.

큰 수에서 작은 수를 빼야 해요.

①

두 수의 차: 268

487	426	541
128	158	
	188	164

②

두 수의 차: 527

853	137	
	932	724
912	385	613

③

두 수의 차: 246

692	368	614
634		372
365	389	

④

두 수의 차: 148

	540	532
161	309	312
878		999

22 생활 속 연산 – 뺄셈

집중 시간
4분

□ 안에 알맞은 수를 써넣으세요.

1

치킨 3조각 654킬로칼로리

김밥 1인분 318킬로칼로리

치킨 3조각과 김밥 1인분의 열량의 차이는 □킬로칼로리입니다.

*킬로칼로리는 열량을 나타내는 단위로 'kcal'라고 써요.

2
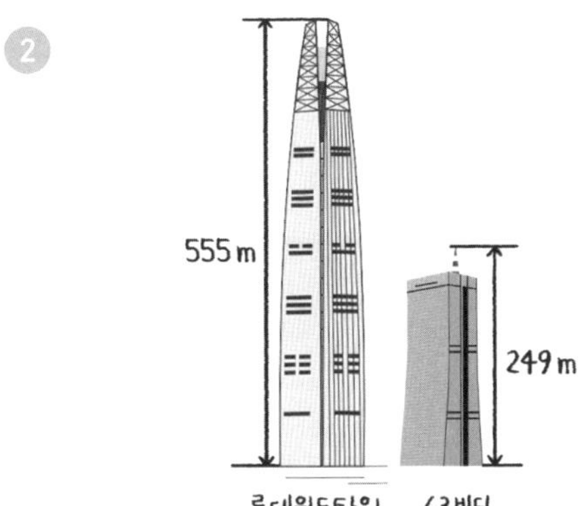
555 m
249 m
롯데월드타워
63빌딩

우리나라에서 가장 높은 건물인 롯데월드타워의 높이는 555 m이고, 63빌딩은 249 m입니다. 두 건물의 높이의 차이는 □ m입니다.

3

2025

1년 365일 중 174일이 지나면 남은 날수는 □일입니다.

4

어린이 1명이 1시간 동안 운동할 때 사용하는 열량은 축구는 540킬로칼로리, 배드민턴은 346킬로칼로리입니다. 축구가 배드민턴보다 사용하는 열량이 □킬로칼로리 더 많습니다.

집중 시간 3분

고양이들이 실뭉치를 가지고 놀다가 놓쳤습니다. 고양이들의 실뭉치는 무엇일까요?
뺄셈식의 계산 결과가 적힌 실뭉치를 찾아 선으로 이어 보세요.

1 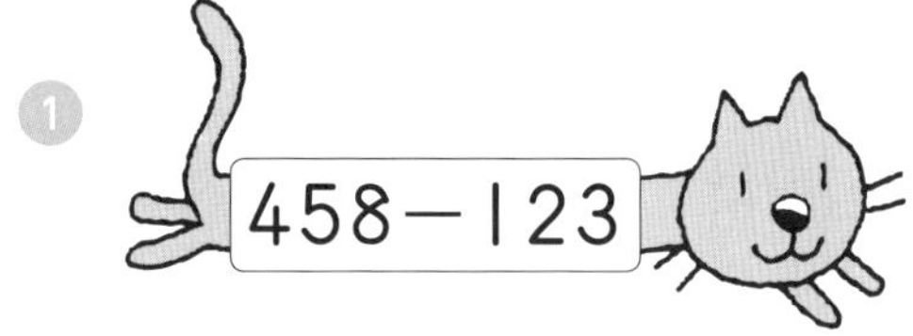
458−123

108

2 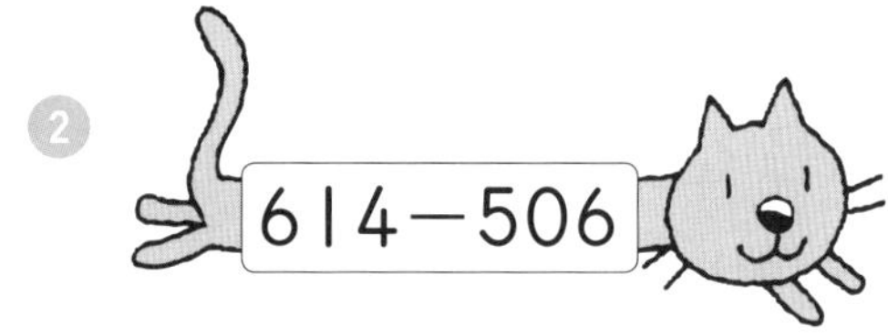
614−506

389

3 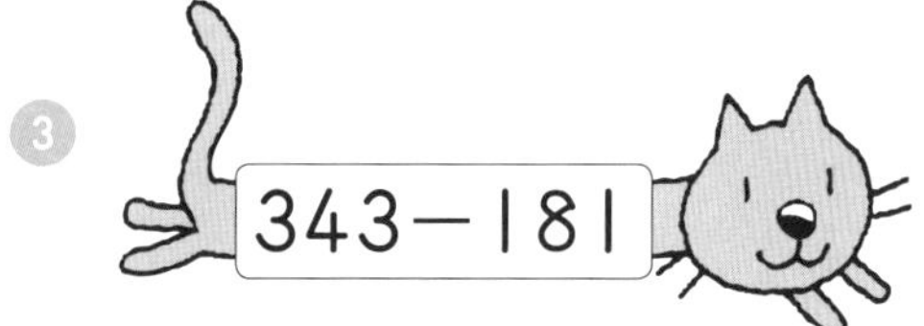
343−181

335

4 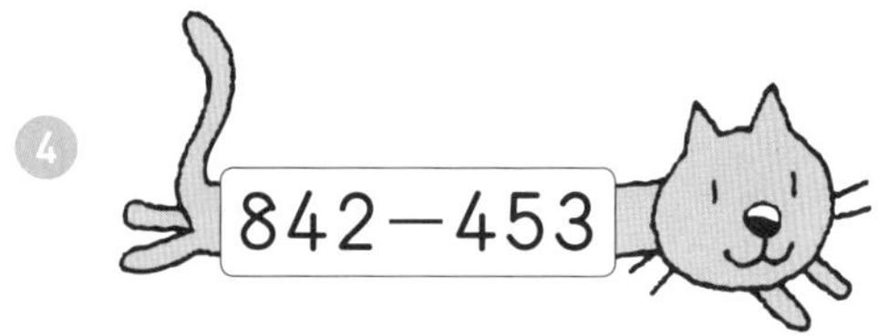
842−453

348

5 
925−577

162

둘째 마당 끝!
통과 문제로 문제를
확인해 봐!

둘째 마당
통과 문제

*틀린 문제는 꼭 다시 확인하고 넘어가요!

※ □ 안에 알맞은 수를 써넣으세요.

①
```
   5 3 9
 - 2 1 6
 -------
  □
```

②
```
   3 2 7
 - 1 6 4
 -------
  □
```

③
```
   6 5 4
 - 1 3 9
 -------
  □
```

④
```
   5 4 9
 - 3 9 0
 -------
  □
```

⑤
```
   3 2 4
 - 1 8 6
 -------
  □
```

⑥
```
   4 5 8
 - 1 7 9
 -------
  □
```

⑦
```
   4 9 0
 - 1 0 4
 -------
  □
```

⑧
```
   6 0 8
 - 1 5 9
 -------
  □
```

⑨ 649−304=□

⑩ 592−245=□

⑪ 875−392=□

⑫ 900−254=□

⑬ 604−198=□

⑭ 721−394=□

⑮ 1년 365일 중 203일이 지나면 남은 날수는 □일입니다.

오늘 공부한 단계를 색칠해 보세요!

23

24

25

26

27

셋째 마당

나눗셈

28

30

29

바빠 개념 쏙쏙!

나눗셈

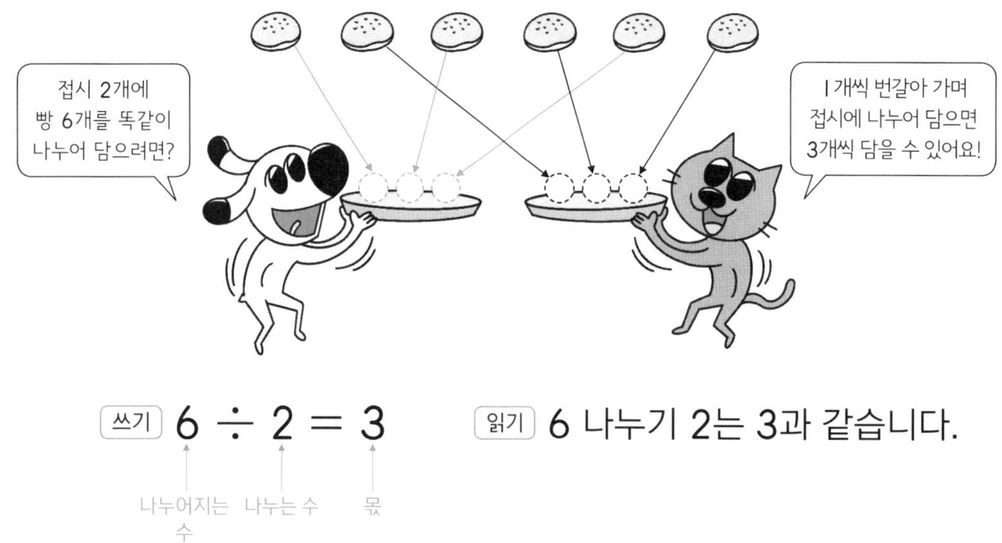
접시 2개에
빵 6개를 똑같이
나누어 담으려면?
1개씩 번갈아 가며
접시에 나누어 담으면
3개씩 담을 수 있어요!
쓰기 6 ÷ 2 = 3
나누어지는 수
나누는 수
몫
읽기 6 나누기 2는 3과 같습니다.

나눗셈의 몫 구하기

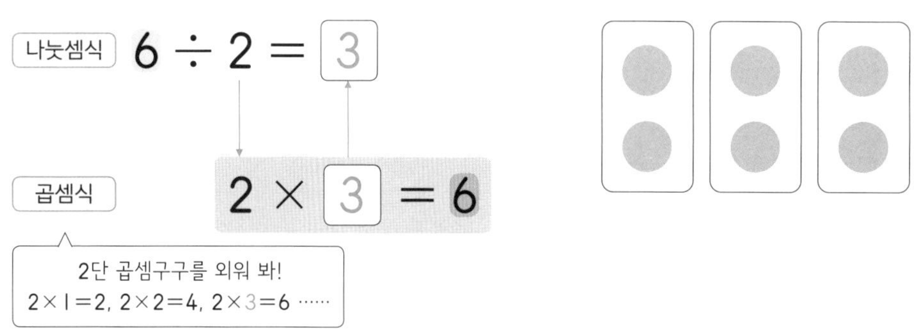
나눗셈식 6 ÷ 2 = 3
곱셈식 2 × 3 = 6
2단 곱셈구구를 외워 봐!
2×1=2, 2×2=4, 2×3=6 ……

잠깐! 퀴즈 나눗셈식 15÷3=5에서 몫은 어느 것일까요?

① 3　　② 5

정답 ②

23 나눗셈식으로 나타내기

집중 시간
2분

나눗셈식을 쓰고, 몫을 구하세요.

1

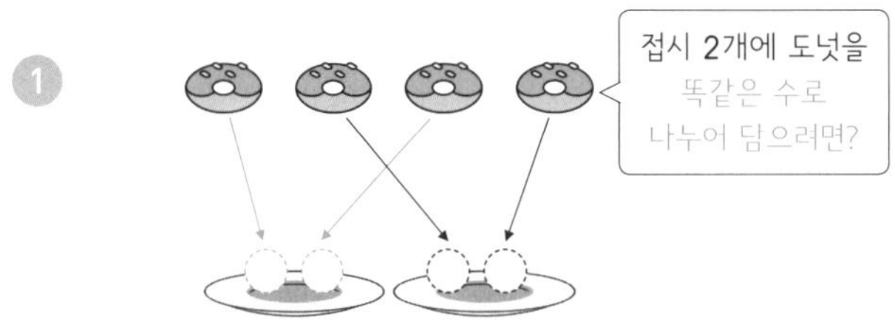
접시 2개에 도넛을
똑같은 수로
나누어 담으려면?

나눗셈식 4 ÷ [2] = [2]

몫 [ ]

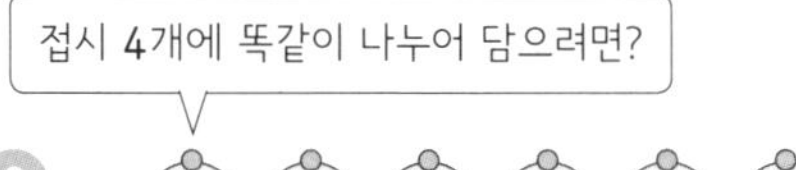
접시 4개에 똑같이 나누어 담으려면?

2

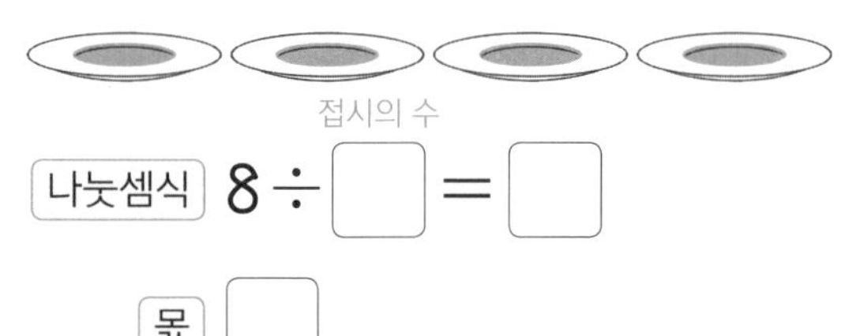

접시의 수

나눗셈식 8 ÷ [ ] = [ ]

몫 [ ]

접시 3개에 똑같이 나누어 담으려면?

3

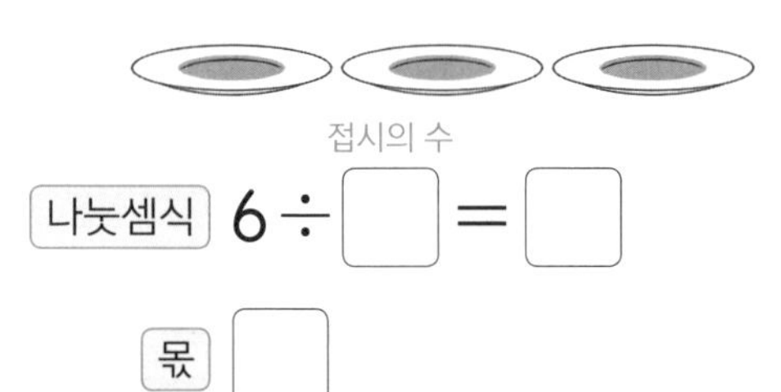

접시의 수

나눗셈식 6 ÷ [ ] = [ ]

몫 [ ]

4

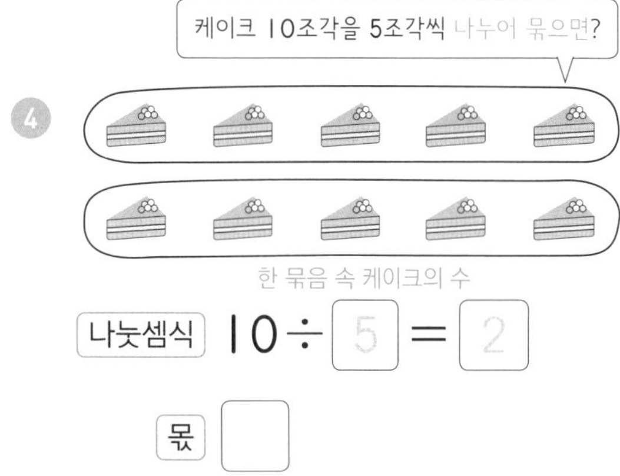
케이크 10조각을 5조각씩 나누어 묶으면?

한 묶음 속 케이크의 수

나눗셈식 10 ÷ [5] = [2]

몫 [ ]

5

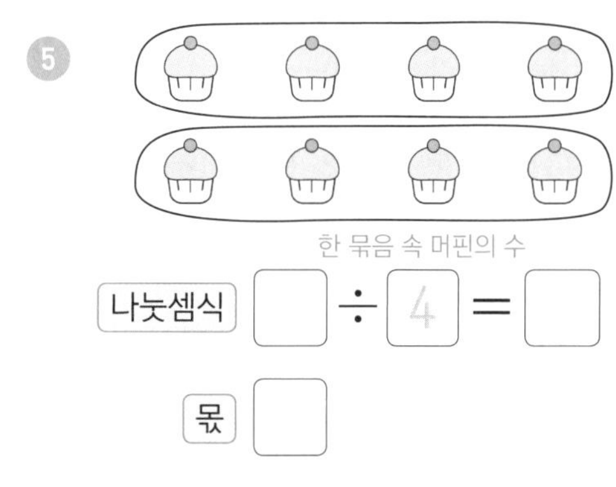

한 묶음 속 머핀의 수

나눗셈식 [ ] ÷ [4] = [ ]

몫 [ ]

6

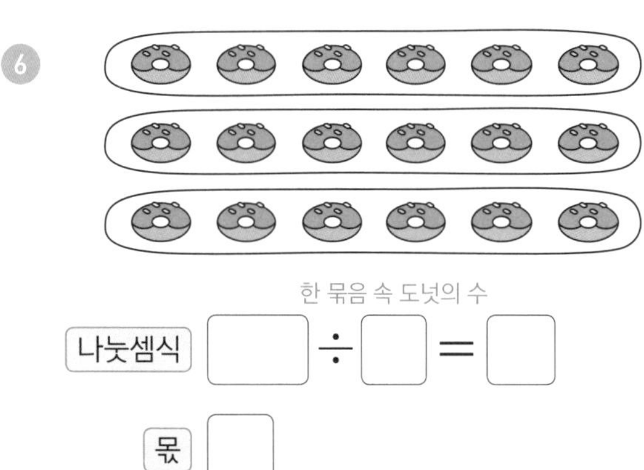

한 묶음 속 도넛의 수

나눗셈식 [ ] ÷ [ ] = [ ]

몫 [ ]

집중 시간 2분

빨셈식을 보고 나눗셈식으로 나타내세요.

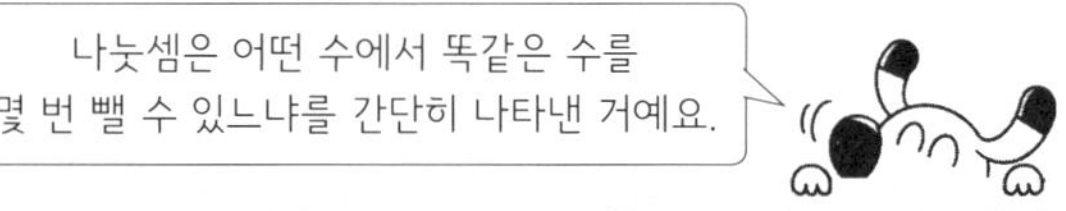
나눗셈은 어떤 수에서 똑같은 수를
몇 번 뺄 수 있느냐를 간단히 나타낸 거예요.

* 도넛 6개를 3개씩 2번 덜어 내기

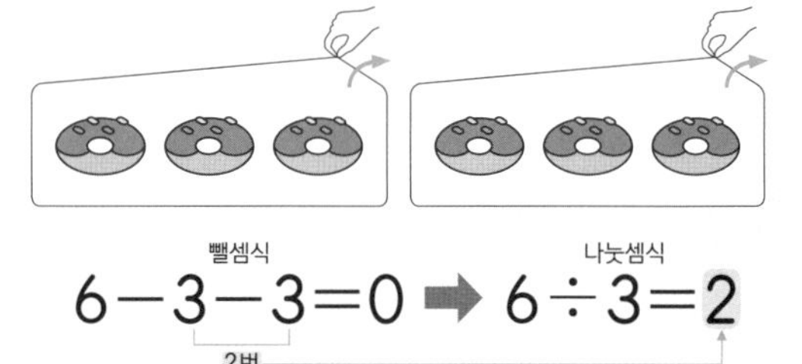

빨셈식 나눗셈식

$6-3-3=0$ ➡ $6\div3=2$

2번

①
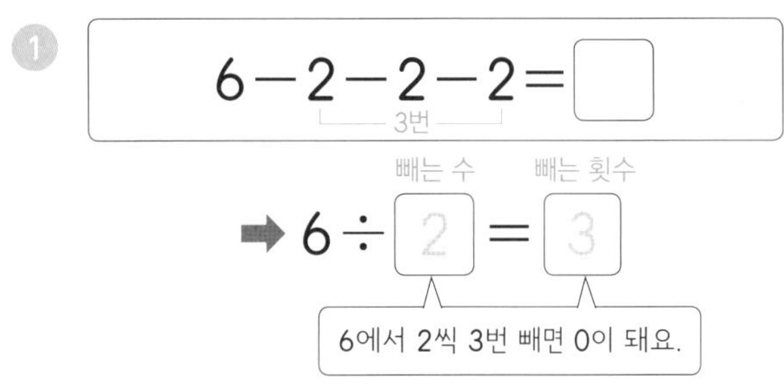
6−2−2−2=□
3번
빼는 수
빼는 횟수
➡ 6÷2=3
6에서 2씩 3번 빼면 0이 돼요.

② $8-2-2-2-2=0$ (4번)

➡ $8\div\square=\square$

8에서 2씩 몇 번을 빼야 0이 되는지 알아봐요.
빼는 수와 빼는 횟수를 헷갈리면 안돼요.
8÷4=2로 쓰지 않게 조심하세요.

⑤
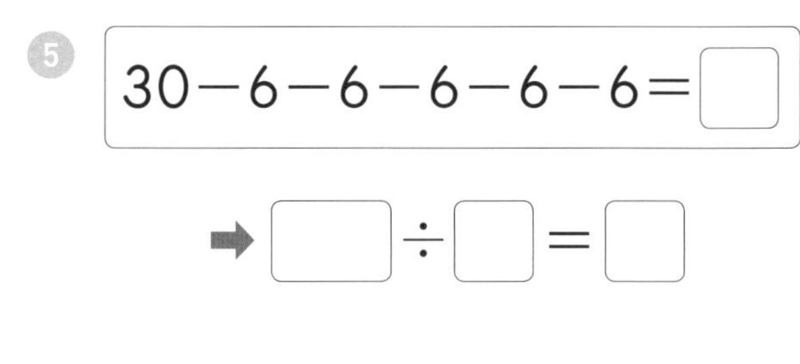

$30-6-6-6-6-6=\square$

➡ $\square\div\square=\square$

③ $12-6-6=0$ (2번)

➡ $\square\div\square=\square$

⑥ $27-9-9-9=\square$

➡ $\square\div\square=\square$

④ $20-5-5-5-5=0$ (4번)

➡ $\square\div\square=\square$

앗! 실수

⑦ $32-8-8-8-8=\square$

➡ $\square\div\square=\square$

24 곱셈과 나눗셈은 아주 친한 관계!

집중 시간
3분

곱셈식을 보고 2개의 나눗셈식으로 나타내세요.

① 2×6=□

➡ 12÷2=□
➡ 12÷6=□

＊ 곱셈식을 2개의 나눗셈식으로 나타내기

●×▲=■ ➡ ■÷●=▲, ■÷▲=●

○○○○○○
3×2=6 ➡ 6÷3=2, 6÷2=3

② 3×5=15

➡ 15÷□=□
➡ 15÷□=□

③ 8×2=16

➡ 16÷□=□
➡ 16÷□=□

④ 6×8=48

➡ 48÷□=□
➡ 48÷□=□

⑤ 4×7=28

➡ 28÷□=□
➡ 28÷□=□

⑥ 9×3=□

➡ □÷□=□
➡ □÷□=□

⑦ 6×4=□

➡ □÷□=□
➡ □÷□=□

집중 시간 3분

※ 나눗셈식을 보고 2개의 곱셈식으로 나타내세요.

❶ $14 \div 2 = 7$

➡ $2 \times$ [7] $=$ [14]
   $7 \times$ [2] $=$ [14]

＊ 나눗셈식을 2개의 곱셈식으로 나타내기

■÷●=▲ ➡ ●×▲=■, ▲×●=■

○○○○○○ $6 \div 2 = 3$ ➡ ○○○○○○ $2 \times 3 = 6$, ○○○○○○ $3 \times 2 = 6$

❷ $36 \div 4 = 9$

➡ $4 \times$ ☐ $=$ ☐
   $9 \times$ ☐ $=$ ☐

❸ $42 \div 6 = 7$

➡ $6 \times$ ☐ $=$ ☐
   $7 \times$ ☐ $=$ ☐

❹ $32 \div 8 = 4$

➡ $8 \times$ ☐ $=$ ☐
   $4 \times$ ☐ $=$ ☐

❺ $24 \div 8 =$ ☐

➡ ☐ $\times 3 =$ ☐
   $3 \times$ ☐ $=$ ☐

❻ $18 \div 9 =$ ☐

➡ $9 \times$ ☐ $=$ ☐
   ☐ $\times 9 =$ ☐

앗! 실수

❼ $63 \div 7 =$ ☐

➡ ☐ $\times 9 =$ ☐
   $9 \times$ ☐ $=$ ☐

25 곱셈식은 나눗셈식으로! 나눗셈식은 곱셈식으로!

집중 시간
3분

곱셈식은 나눗셈식으로, 나눗셈식은 곱셈식으로 나타내세요.

❶ $2\times5=10$

➡ $10\div\square=\square$
$10\div\square=\square$

곱셈식과 나눗셈식을 서로 바꿀 수 있어야 나눗셈의 몫도 빠르게 구할 수 있어요!

❺ $30\div5=\square$

➡ $5\times\square=\square$
$6\times\square=\square$

❷ $4\times7=\square$

➡ $\square\div\square=\square$
$\square\div\square=\square$

❻ $21\div3=\square$

➡ $\square\times\square=\square$
$\square\times\square=\square$

❸ $7\times8=\square$

➡ $\square\div\square=\square$
$\square\div\square=\square$

❼ $27\div9=\square$

➡ $\square\times\square=\square$
$\square\times\square=\square$

❹ $8\times3=\square$

➡ $\square\div\square=\square$
$\square\div\square=\square$

❽ $54\div6=\square$

➡ $\square\times\square=\square$
$\square\times\square=\square$

집중 시간
4분

곱셈식은 나눗셈식으로, 나눗셈식은 곱셈식으로 나타내세요.

① $3\times6=18$

➡ $18\div3=6$

② $4\times8=\square$

➡

③ $6\times9=\square$

➡

④ $7\times6=\square$

➡

⑤ $14\div7=2$

➡ $7\times2=14$

⑥ $16\div2=\square$

➡

⑦ $45\div5=\square$

➡

⑧ $72\div8=\square$

➡

26 곱셈식으로 나눗셈의 몫 구하기

집중 시간
3분

□ 안에 알맞은 수를 써넣으세요.

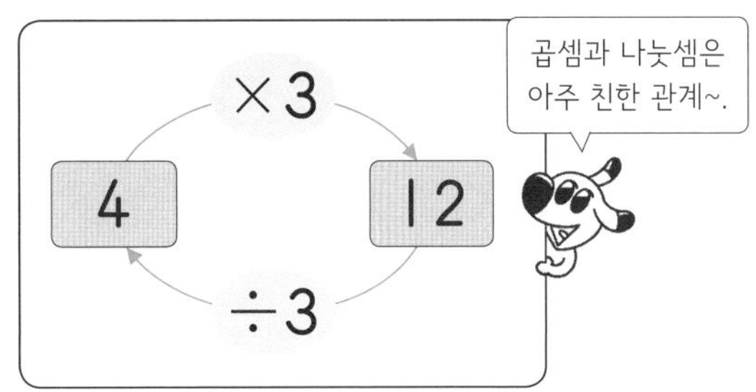
×3
4
12
÷3
곱셈과 나눗셈은
아주 친한 관계~.

① $4\times3=12$ ➡ $12\div4=$ [3]

② $5\times4=20$ ➡ $20\div5=$ □

③ $8\times5=40$ ➡ $40\div8=$ □

④ $9\times2=18$ ➡ $18\div9=$ □

⑤ $7\times5=35$ ➡ $35\div7=$ □

⑥ $6\times9=54$ ➡ $54\div6=$ □

⑦ $6\times6=$ □ ➡ $36\div6=$ □

⑧ $9\times3=$ □ ➡ $27\div9=$ □

⑨ $8\times6=$ □ ➡ $48\div8=$ □

⑩ $6\times7=$ □ ➡ $42\div6=$ □

⑪ $7\times8=$ □ ➡ $56\div7=$ □

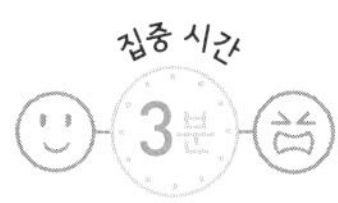
집중 시간
3분

□ 안에 알맞은 수를 써넣으세요.

❶ $2 \times \boxed{4} = 8$ ➡ $8 \div 2 = \boxed{4}$

❷ $3 \times \square = 15$ ➡ $15 \div 3 = \square$

❸ $5 \times \square = 10$ ➡ $10 \div 5 = \square$

❹ $6 \times \square = 30$ ➡ $30 \div 6 = \square$

❺ $7 \times \square = 21$ ➡ $21 \div 7 = \square$

❻ $8 \times \square = 32$ ➡ $32 \div 8 = \square$

❼ $7 \times \square = 49$ ➡ $49 \div 7 = \square$

❽ $9 \times \square = 72$ ➡ $72 \div 9 = \square$

❾ $5 \times \square = 40$ ➡ $40 \div 5 = \square$

❿ $6 \times \square = 48$ ➡ $48 \div 6 = \square$

⓫ $4 \times \square = 36$ ➡ $36 \div 4 = \square$

⓬ $8 \times \square = 72$ ➡ $72 \div 8 = \square$

27 곱셈구구를 이용해 나눗셈의 몫 구하기

집중 시간
3분

□ 안에 알맞은 수를 써넣으세요.

❶ 14÷2=[7]

2×7=14

2단 곱셈구구에서 곱이 14인 수를 찾아봐요.

❷ 16÷4=□

4×4=16

❸ 35÷5=□

5×□=35

5단 곱셈구구에서 곱이 35인 수를 찾아봐요.

❹ 63÷7=□

7×□=63

❺ 56÷8=□

8×□=56

❻ 18÷9=□

9×□=18

❼ 27÷3=□

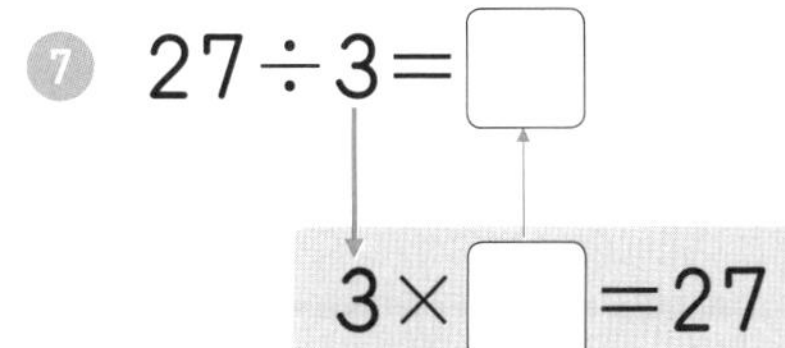

3×□=27

❽ 45÷5=□

5×□=45

❾ 64÷8=□

8×□=64

❿ 42÷6=□

6×□=42

집중 시간 4분

곱셈구구를 이용하여 나눗셈의 몫을 구하세요.

① $8 \div 4 =$

4단 곱셈구구를 외워 확인해 보자!

② $21 \div 7 =$

③ $36 \div 4 =$

④ $24 \div 3 =$

⑤ $42 \div 6 =$

⑥ $27 \div 9 =$

⑦ $54 \div 6 =$

⑧ $40 \div 8 =$

⑨ $35 \div 7 =$

⑩ $81 \div 9 =$

⑪ $18 \div 2 =$

⑫ $24 \div 4 =$

⑬ $56 \div 8 =$

⑭ $45 \div 9 =$

⑮ $63 \div 7 =$

28 나눗셈의 몫 구하기

집중 시간
4분

나눗셈의 몫을 구하세요.

＊ 나누는 수에 몇을 곱하면 나누어지는 수가 되는지 확인해요.

$4 \div 2 = \boxed{2}$

나누어지는 수 / 나누는 수

➡ $2 \times \boxed{몇} = 4$

→ $2 \times \boxed{2} = 4$

❶ $10 \div 2 =$

나누어지는 수 / 나누는 수

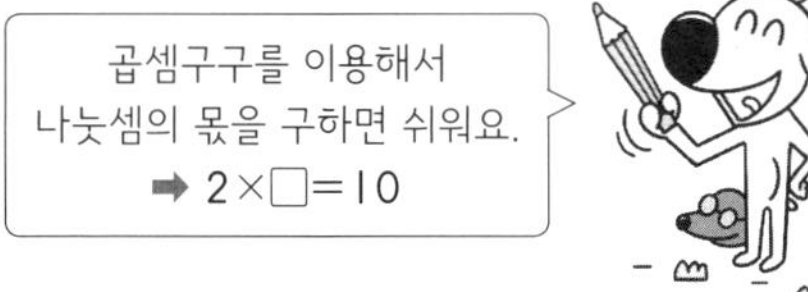

곱셈구구를 이용해서
나눗셈의 몫을 구하면 쉬워요.
➡ 2×□=10

❷ $27 \div 3 =$

❸ $28 \div 4 =$

❹ $12 \div 6 =$

❺ $14 \div 7 =$

❻ $24 \div 8 =$

❼ $28 \div 7 =$

❽ $48 \div 8 =$

❾ $45 \div 5 =$

❿ $20 \div 5 =$

⓫ $18 \div 3 =$

⓬ $42 \div 6 =$

⓭ $56 \div 7 =$

⓮ $72 \div 9 =$

집중 시간 4분

나눗셈의 몫을 구하세요.

① $20 \div 4 =$

⑥ $15 \div 5 =$

⑪ $36 \div 9 =$

② $32 \div 8 =$

⑦ $36 \div 4 =$

⑫ $63 \div 7 =$

③ $18 \div 9 =$

⑧ $21 \div 7 =$

⑬ $40 \div 8 =$

④ $48 \div 6 =$

⑨ $54 \div 6 =$

⑭ $42 \div 7 =$

⑤ $21 \div 3 =$

⑩ $49 \div 7 =$

⑮ $72 \div 9 =$

29 실수 없게! 나눗셈의 몫 구하기 집중 연습

집중 시간
4분

나눗셈의 몫을 구하세요.

① $24 \div 3 =$

② $16 \div 8 =$

③ $35 \div 7 =$

④ $24 \div 6 =$

⑤ $25 \div 5 =$

⑥ $54 \div 9 =$

⑦ $14 \div 2 =$

⑧ $28 \div 7 =$

⑨ $64 \div 8 =$

⑩ $81 \div 9 =$

앗! 실수

⑪ $56 \div 7 =$

⑫ $63 \div 9 =$

⑬ $72 \div 8 =$

⑭ $42 \div 6 =$

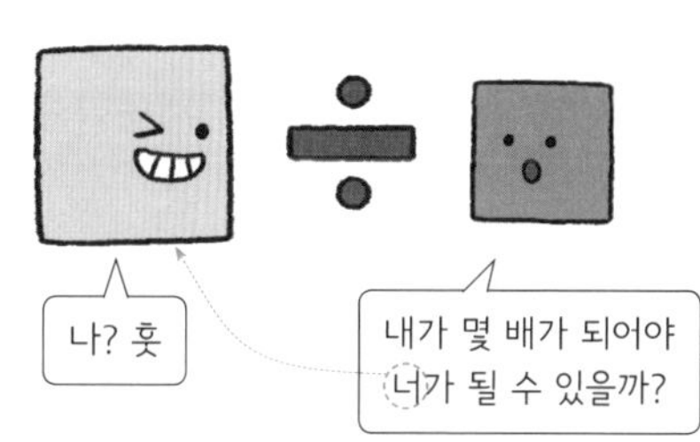
나? 훗
내가 몇 배가 되어야
너가 될 수 있을까?

보기 와 같이 □ 안에 알맞은 수를 써넣으세요.

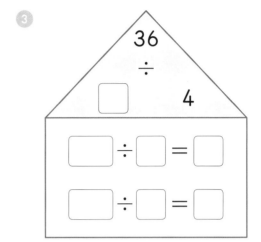

①

32
÷
8 □

□ ÷ □ = □

□ ÷ □ = □

③

36
÷
□ 4

□ ÷ □ = □

□ ÷ □ = □

보기

12
÷
4 3

12 ÷ 4 = 3

12 ÷ 3 = 4

②

21
÷
3 □

□ ÷ □ = □

□ ÷ □ = □

④

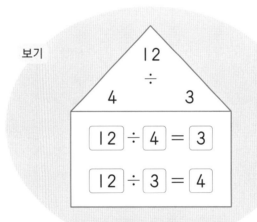

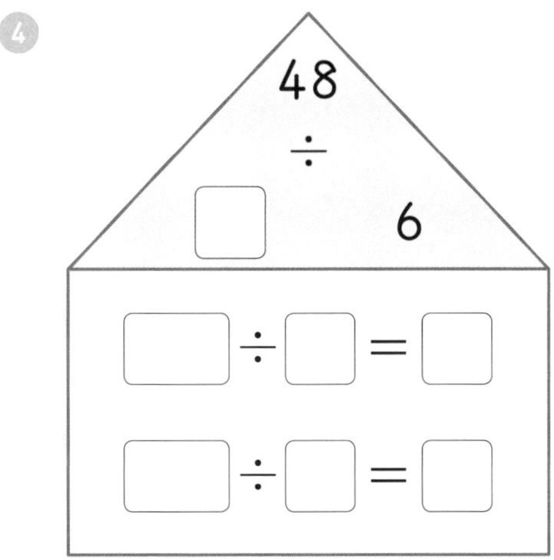
48
÷
6
□ ÷ □ = □
□ ÷ □ = □

30 생활 속 연산 – 나눗셈

집중 시간
4분

그림을 보고 □ 안에 알맞은 수를 써넣으세요.

1. 케이크를 8조각으로 똑같이 잘랐습니다. 접시 4개에 똑같이 나누어 담으면 □조각씩 담을 수 있습니다.

2. 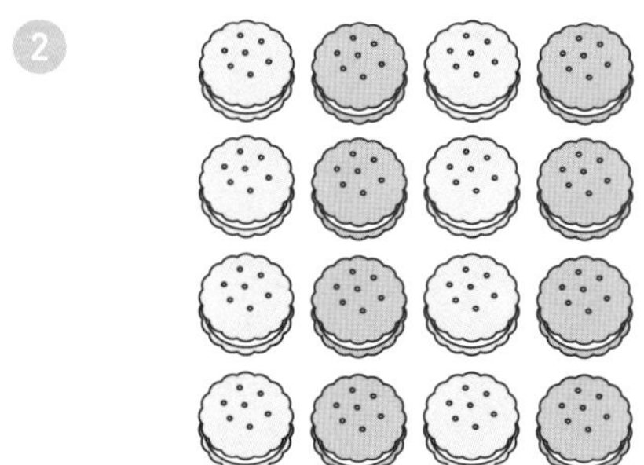

쿠키 16개를 한 사람에게 2개씩 나누어 주면 □명에게 나누어 줄 수 있습니다.

3. 

바구니에 감이 45개 있습니다. 한 봉지에 5개씩 나누어 담으면 □봉지가 됩니다.

4. 

리본 1개를 만드는 데 끈이 9 cm 필요합니다. 길이가 81 cm인 끈으로 만들 수 있는 리본은 □개입니다.

집중 시간 3분

빠독이와 쁘냥이가 풍선을 터뜨리는 게임을 하려고 합니다. 풍선 속 나눗셈의 몫과 일치하는 풍선을 찾아 × 표시해 풍선을 터뜨려 보세요.

1

56÷7
12÷2
63÷9
32÷8
몫: 7

2

27÷9
24÷4
48÷6
28÷7
몫: 4

셋째 마당 끝!
정말 대단해!

셋째 마당
통과 문제

*틀린 문제는 꼭 다시 확인하고 넘어가요!

※ □ 안에 알맞은 수를 써넣으세요.

① $6-3-3=0$

➡ $6 \div \square = \square$

② $10-2-2-2-2-2=0$

➡ $10 \div \square = \square$

③ $3 \times 7 = 21$

➡ $21 \div \square = \square$
$21 \div \square = \square$

④ $30 \div 5 = 6$

➡ $5 \times \square = \square$
$\square \times \square = \square$

⑤ $9 \times 4 = 36$ ➡ $36 \div 4 = \square$

⑥ $6 \times 6 = \square$ ➡ $36 \div \square = \square$

⑦ $72 \div 9 = \square$

⑧ $24 \div 4 = \square$

⑨ $63 \div 7 = \square$

⑩ $48 \div 6 = \square$

⑪ $32 \div 8 = \square$

⑫ $45 \div 5 = \square$

⑬ 딸기 54개를 한 접시에 6개씩 나누어 담으려면 접시는 모두 □개 필요합니다.

오늘 공부한
단계를 색칠해
보세요!
31

32

33

34

35

36

37

38

넷째 마당

곱셈

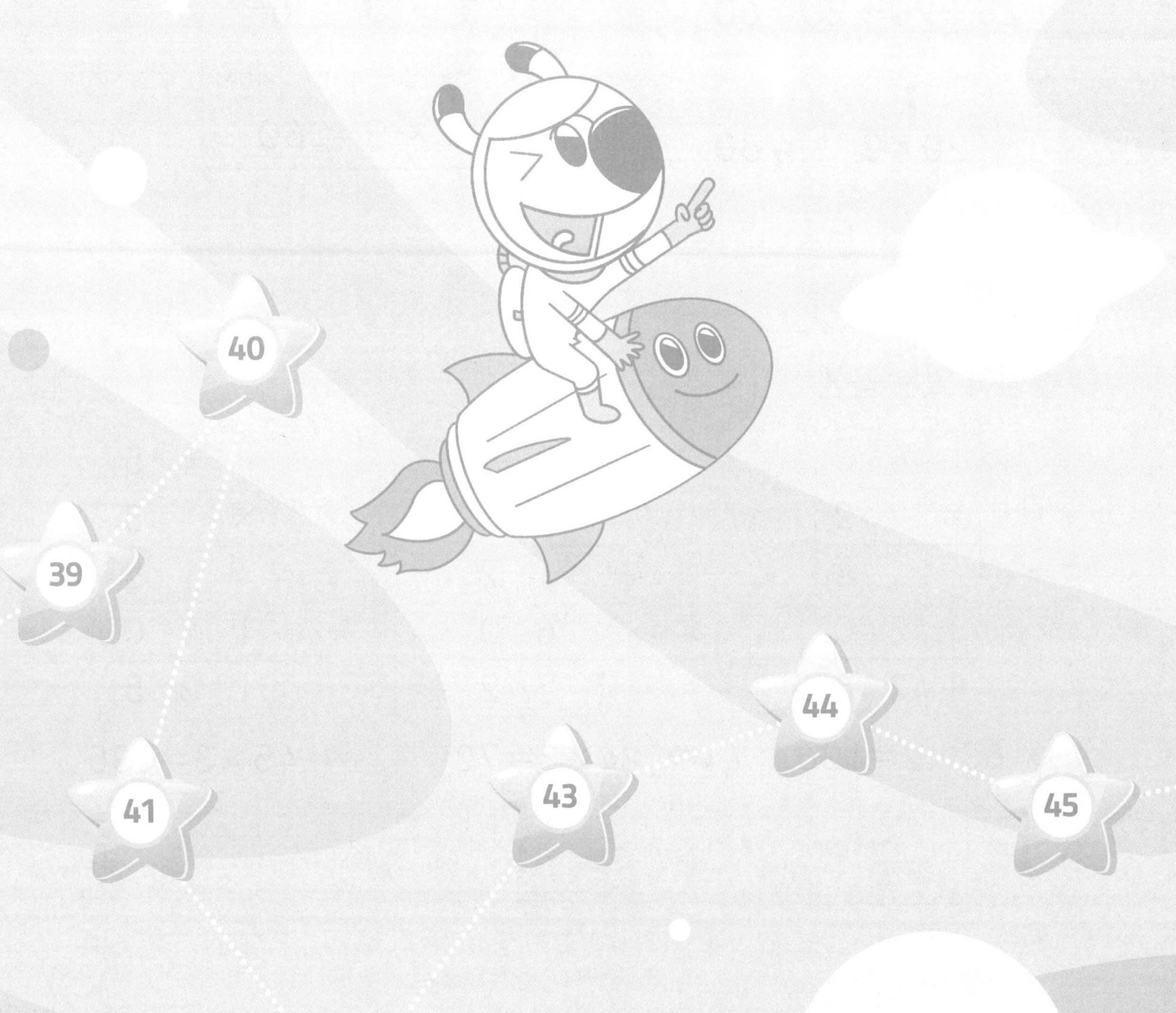
40
39
41
42
43
44
45

바빠 개념 쏙쏙!

올림이 없는 곱셈

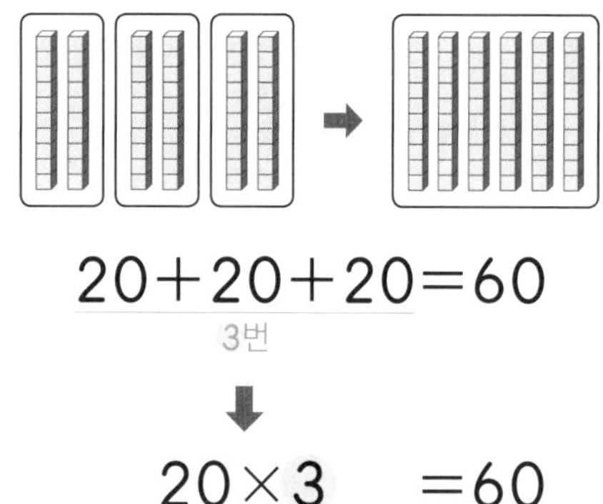

20+20+20=60
3번
20×3 =60

$2 \times 3 = 6$ (10배 ↓, 10배 ↓)

$20 \times 3 = 60$

올림이 있는 곱셈

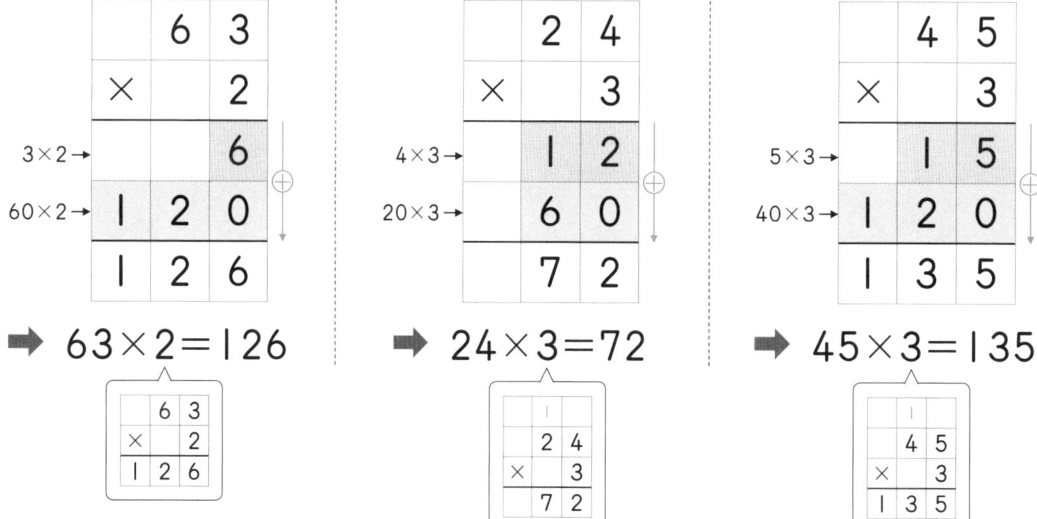

63 × 2
3×2→ 6
60×2→ 120
126
➡ 63×2=126
24 × 3
4×3→ 12
20×3→ 60
72
➡ 24×3=72
45 × 3
5×3→ 15
40×3→ 120
135
➡ 45×3=135

잠깐! 퀴즈 30×2는 3×2의 계산 결과에 0을 몇 개 붙여야 할까요?

① 1개 ② 10개

정답 ①

31 (몇십)×(몇)은 간단해~

집중 시간
2분

곱셈을 하세요.

* (몇십)×(몇) 계산하기 ─ (몇)×(몇)을 계산한 값에 0을 1개 붙여요.

	2	0
×		2
	4	0

2×2=4

0을 붙여 줘요.

	4	0
×		3
1	2	0

4×3

나 먼저 내려간다!

	백	십	일
①		2	0
	×		4

	백	십	일
②		3	0
	×		5

3×5

	백	십	일
③		5	0
	×		4

	백	십	일
④		4	0
	×		8

	백	십	일
⑤		5	0
	×		3

	백	십	일
⑥		6	0
	×		9

	백	십	일
⑦		6	0
	×		7

	백	십	일
⑧		7	0
	×		5

	백	십	일
⑨		8	0
	×		5

	백	십	일
⑩		9	0
	×		3

집중 시간 2분

곱셈을 하세요.

① 20 × 6 =

② 40 × 3 =

③ 30 × 8 =

④ 40 × 7 =

⑤ 40 × 4 =

⑥ 60 × 5 =

⑦ 70 × 3 =

⑧ 50 × 9 =

⑨ 70 × 7 =

⑩ 60 × 8 =

앗! 실수

⑪ 80 × 9 =

⑫ 90 × 6 =

32 (몇)×(몇)의 계산 결과에 0이 하나 더!

집중 시간
2분

곱셈을 하세요.

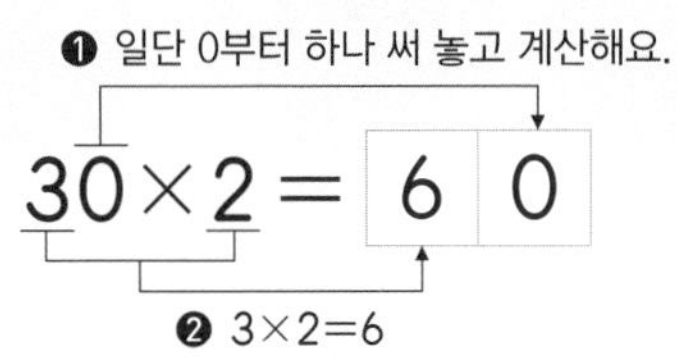
❶ 일단 0부터 하나 써 놓고 계산해요.
30×2= 6 0
❷ 3×2=6

3×2=6
30×2=60

① 50×5= □□□

0을 1개 먼저 쓰고
5×5의 계산 결과를 0 앞에 써 줘요.

② 40×8=

③ 80×3=

④ 30×9=

⑤ 60×6=

⑥ 20×7=

⑦ 90×4=

⑧ 40×6=

⑨ 50×8=

⑩ 80×7=

집중 시간 3분

곱셈을 하세요.

① $30\times3=$

곱셈구구로 구한 곱에 0을 1개 붙이면 돼요. 간단하죠? 가로셈으로 바로 풀어 봐요.

② $70\times4=$

③ $90\times5=$

④ $60\times4=$

⑤ $70\times9=$

⑥ $30\times6=$

⑦ $20\times8=$

⑧ $50\times9=$

⑨ $40\times9=$

⑩ $80\times8=$

⑪ $50\times7=$

⑫ $40\times5=$

⑬ $60\times9=$

⑭ $80\times6=$

⑮ $90\times9=$

33

올림이 없는 (몇십몇)×(몇)은 쉬워

집중 시간
3분

곱셈을 하세요.

* 올림이 없는 (몇십몇)×(몇) 계산하기

	1	2
×		3
		6

❶ 2×3=6

→

	1	2
×		3
	3	6

❷ 1×3=3

일의 자리, 십의 자리 순서로 계산해요.

	십	일
①	1	3
×		3

	십	일
②	2	4
×		2

	십	일
③	3	1
×		2

	십	일
④	3	1
×		3

	십	일
⑤	4	1
×		2

	십	일
⑥	3	2
×		2

	십	일
⑦	1	2
×		4

	십	일
⑧	1	1
×		7

	십	일
⑨	2	2
×		3

	십	일
⑩	3	3
×		2

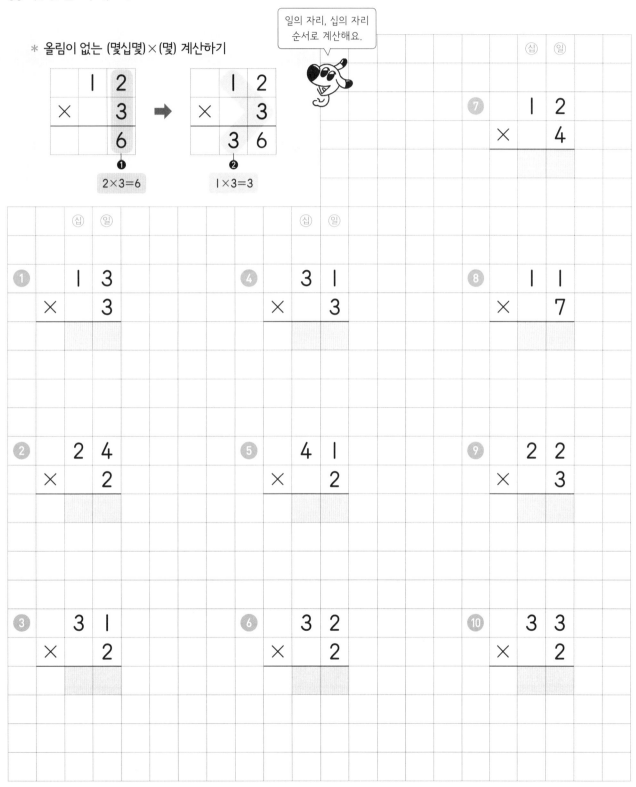

집중 시간 3분

곱셈을 하세요.

일의 자리부터 계산하는 습관을 들이는 게 좋아요.

① 11×2

② 21×2

③ 23×2

④ 32×3

⑤ 22×2

⑥ 14×2

⑦ 11×9

⑧ 42×2

⑨ 11×5

⑩ 23×3

⑪ 13×2

⑫ 43×2

34 올림이 없는 (몇십몇)×(몇)을 빠르게

집중 시간
3분

곱셈을 하세요.

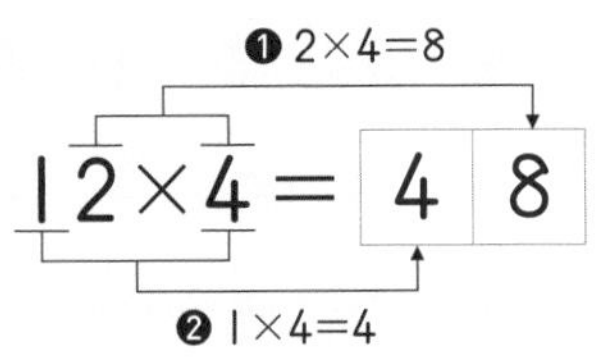

❶ 2×4=8
12×4= 4 8
❷ 1×4=4

❶ 11×4=

❷ 21×3=

❸ 13×2=

❹ 22×4=

❺ 21×4=

❻ 13×2=

❼ 11×6=

❽ 22×3=

❾ 33×3=

❿ 11×7=

⓫ 41×2=

집중 시간 3분

곱셈을 하세요.

① $11\times2=$

② $14\times2=$

③ $23\times2=$

④ $31\times3=$

⑤ $22\times2=$

⑥ $33\times2=$

⑦ $23\times3=$

⑧ $11\times8=$

⑨ $32\times3=$

⑩ $42\times2=$

올림이 없는 가로셈이에요.
만약 이 계산이 많이 어렵다면
곱셈구구부터 다시 외우고 와야 해요!

⑪ $12\times3=$

⑫ $24\times2=$

⑬ $11\times5=$

⑭ $13\times3=$

십의 자리에서 올림한 수는 백의 자리에 써

집중 시간
3분

곱셈을 하세요.

* 십의 자리에서 올림한 수를 바로 백의 자리에 쓰는 (몇십몇)×(몇) 계산하기

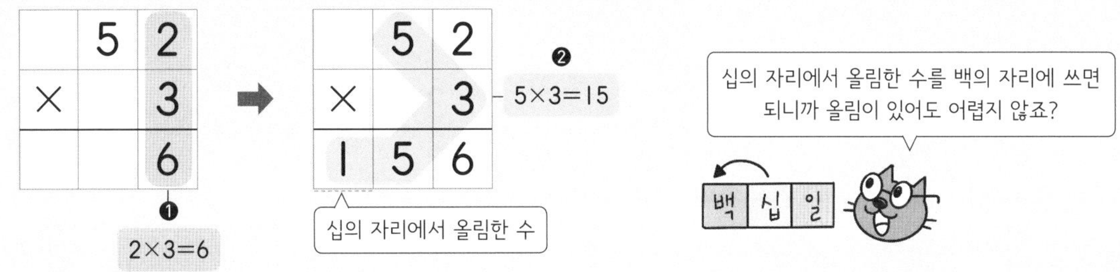
5 2
× 3
6
❶ 2×3=6
5 2
× 3
1 5 6
❷ 5×3=15
십의 자리에서 올림한 수
십의 자리에서 올림한 수를 백의 자리에 쓰면 되니까 올림이 있어도 어렵지 않죠?
백 십 일

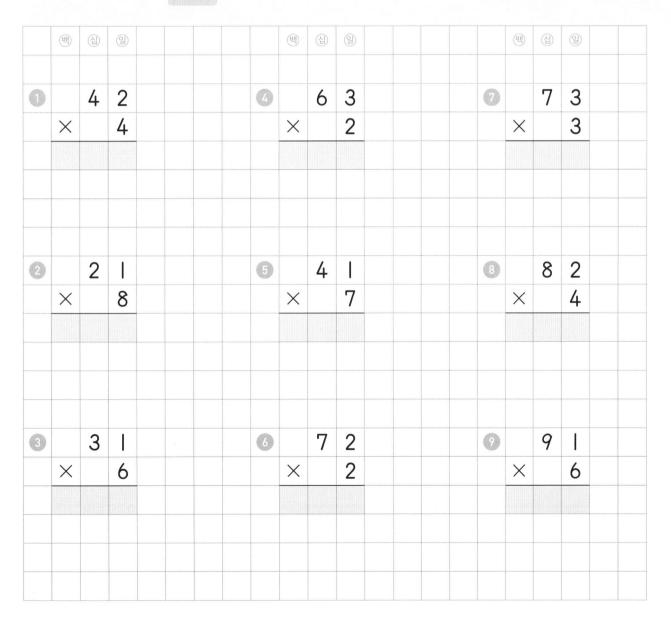

백 십 일

① 42×4

② 21×8

③ 31×6

④ 63×2

⑤ 41×7

⑥ 72×2

⑦ 73×3

⑧ 82×4

⑨ 91×6

집중 시간
3분

곱셈을 하세요.

(백 십 일)

①
$$\begin{array}{r} 31 \\ \times \quad 7 \\ \hline \end{array}$$

일의 자리부터 곱하고 있죠?

②
$$\begin{array}{r} 52 \\ \times \quad 4 \\ \hline \end{array}$$

③
$$\begin{array}{r} 73 \\ \times \quad 2 \\ \hline \end{array}$$

④
$$\begin{array}{r} 82 \\ \times \quad 3 \\ \hline \end{array}$$

⑤
$$\begin{array}{r} 63 \\ \times \quad 3 \\ \hline \end{array}$$

⑥
$$\begin{array}{r} 72 \\ \times \quad 4 \\ \hline \end{array}$$

⑦
$$\begin{array}{r} 51 \\ \times \quad 7 \\ \hline \end{array}$$

⑧
$$\begin{array}{r} 41 \\ \times \quad 9 \\ \hline \end{array}$$

⑨
$$\begin{array}{r} 51 \\ \times \quad 8 \\ \hline \end{array}$$

⑩
$$\begin{array}{r} 61 \\ \times \quad 6 \\ \hline \end{array}$$

⑪
$$\begin{array}{r} 63 \\ \times \quad 3 \\ \hline \end{array}$$

⑫
$$\begin{array}{r} 84 \\ \times \quad 2 \\ \hline \end{array}$$

36 십의 자리에서 올림이 있는 곱셈 집중 연습

집중 시간
3분

곱셈을 하세요.

① 32×4

② 72×3

③ 51×9

④ 74×2

⑤ 21×5

⑥ 51×7

⑦ 62×4

⑧ 91×7

⑨ 71×5

⑩ 21×9

앗! 실수

⑪ 31×8

바로 답이 떠오르지 않는다면 3단 곱셈구구부터 다시 완벽하게 외워야 해요.

⑫ 92×4

집중 시간
4분

세로셈으로 나타내고, 곱셈을 하세요.

1. 21×7

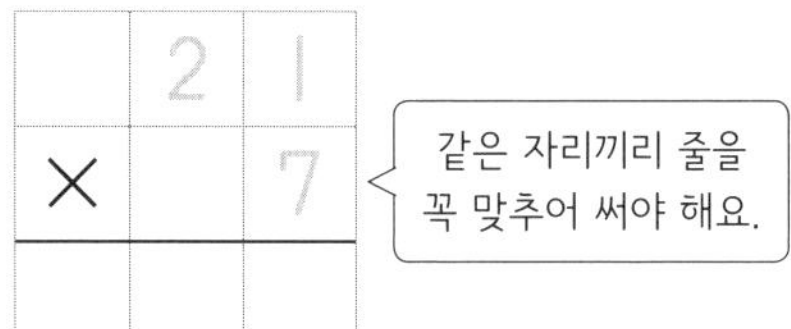
2 1
× 7
같은 자리끼리 줄을 꼭 맞추어 써야 해요.

2. 51×6

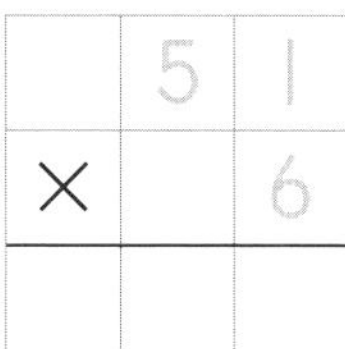
5 1
× 6

3. 91×9

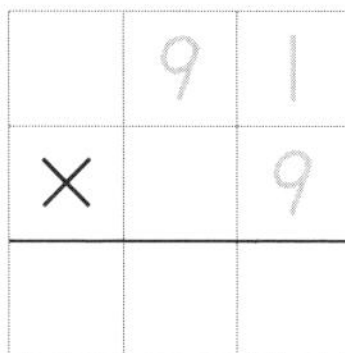
9 1
× 9

4. 52×4

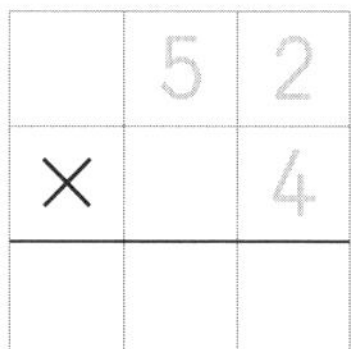
5 2
× 4

5. 62×3

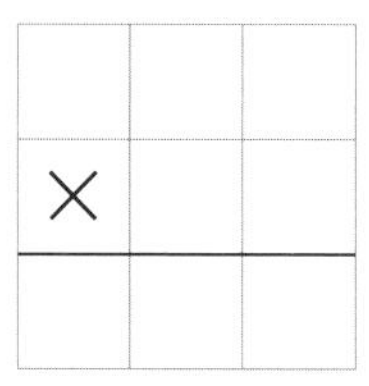
×

6. 61×8

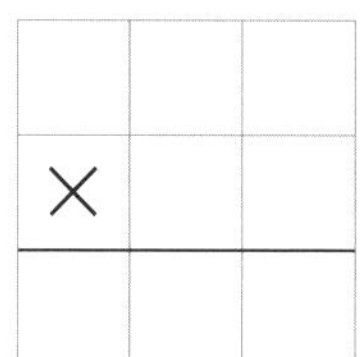
×

7. 81×5

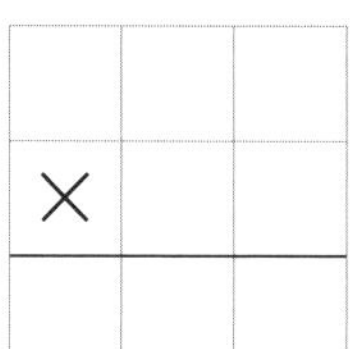
×

8. 93×3

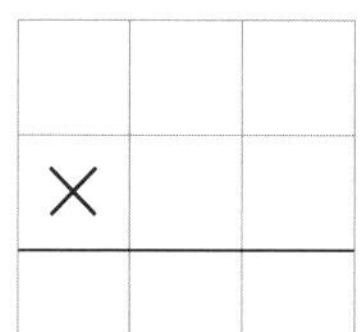
×

9. 41×7

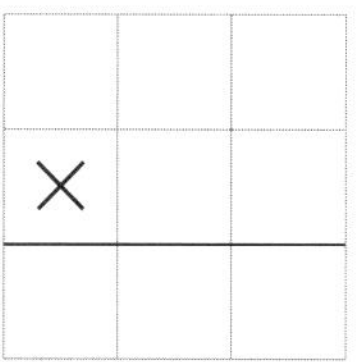
×

10. 92×3

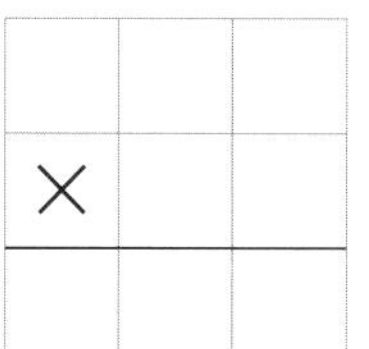
×

11. 83×3

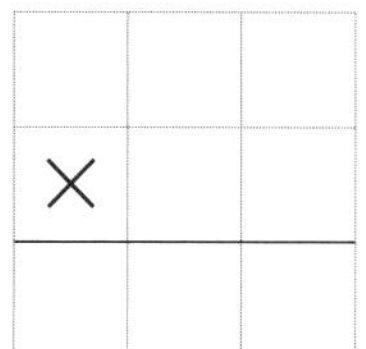
×

12. 73×3

37

십의 자리에서 올림이 있는 가로셈 곱셈도 빠르게

집중 시간
3분

곱셈을 하세요.

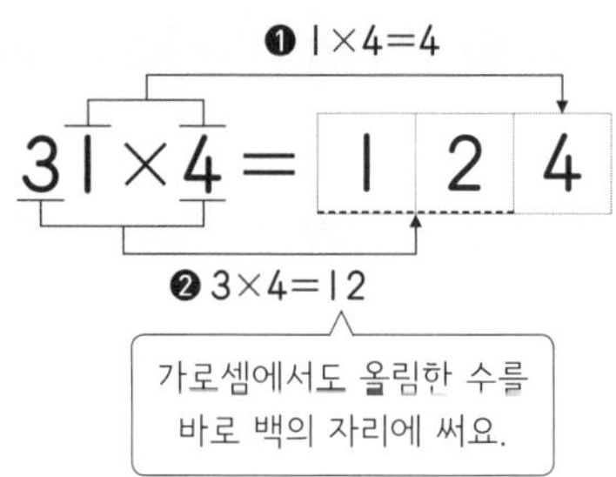
❶ 1×4=4
31×4= 1 2 4
❷ 3×4=12
가로셈에서도 올림한 수를
바로 백의 자리에 써요.

① 51×3=

② 71×8=

③ 61×7=

④ 52×3=

⑤ 83×2=

⑥ 82×4=

⑦ 62×2=

⑧ 63×2=

⑨ 72×4=

⑩ 43×3=

⑪ 94×2=

집중 시간 3분

곱셈을 하세요.

① $51 \times 9 =$

⑥ $41 \times 5 =$

⑪ $41 \times 8 =$

일의 자리부터
순서대로 곱해요.

② $32 \times 4 =$

⑦ $51 \times 2 =$

⑫ $74 \times 2 =$

③ $42 \times 4 =$

⑧ $61 \times 5 =$

⑬ $62 \times 3 =$

④ $53 \times 3 =$

⑨ $81 \times 7 =$

⑭ $92 \times 3 =$

⑤ $82 \times 3 =$

⑩ $61 \times 6 =$

* 여러 가지 방법으로 계산하기

92×3

• 더하기로 계산하기
➡ $92 \times 3 = 92 + 92 + 92$

• 92를 90과 2로 나누어 계산하기
➡ $92 \times 3 = 90 \times 3 + 2 \times 3$

38 올림한 수는 윗자리 계산에 꼭 더해

집중 시간
3분

곱셈을 하세요.

* 일의 자리 계산에서 올림이 있는 (몇십몇)×(몇) 계산하기

일의 자리에서 올림한 수
❶ 5×3=15

나 빼 먹지 마!

❷ 1×3=3, 3+1=4

번호	십	일
①	2	6
×		2
		2

2×2=4에 올림한 수 1을 더해요.

번호	십	일
②	1	2
×		5

번호	십	일
③	2	4
×		3

번호	십	일
④	3	7
×		2

번호	십	일
⑤	1	9
×		4

번호	십	일
⑥	2	8
×		2

번호	십	일
⑦	2	9
×		3

번호	십	일
⑧	3	5
×		2

번호	십	일
⑨	2	7
×		3

집중 시간 3분

곱셈을 하세요.

일의 자리에서 올림한 수는 십의 자리 위에 작게 쓴 후 십의 자리 곱에 더해 줘요.

① 12 × 6

② 15 × 4

③ 24 × 4

④ 18 × 4

⑤ 19 × 2

⑥ 25 × 3

⑦ 36 × 2

⑧ 45 × 2

⑨ 14 × 3

⑩ 27 × 2

⑪ 48 × 2

⑫ 29 × 2

39 일의 자리에서 올림이 있는 곱셈 집중 연습

집중 시간
3분

곱셈을 하세요.

일의 자리에서 올림한 수를 십의 자리 위에 작게 쓰면서 계산하세요.

① 16×3

② 28×2

③ 16×5

④ 13×7

⑤ 25×2

⑥ 18×5

⑦ 14×6

⑧ 39×2

⑨ 26×3

⑩ 46×2

앗! 실수

⑪ 28×3

올림한 수를 더하는 것을 잊지 마세요.

⑫ 47×2

집중 시간 4분

세로셈으로 나타내고, 곱셈을 하세요.

① 16×4

일의 자리에서
올림한 수를
십의 자리 위에
작게 써요.

② 13×5

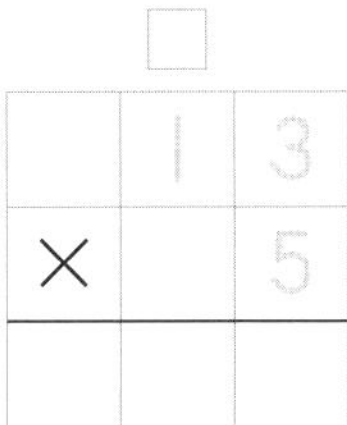

③ 23×4

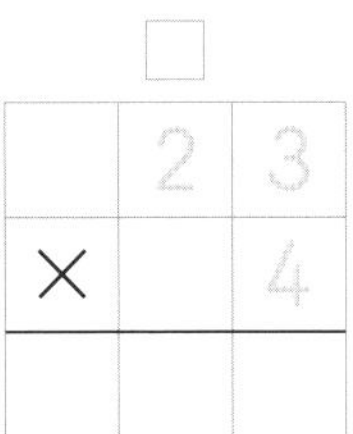

④ 29×2

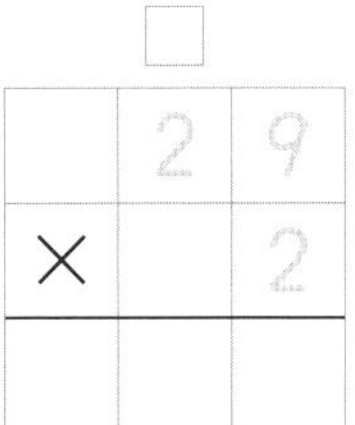

⑤ 15×2

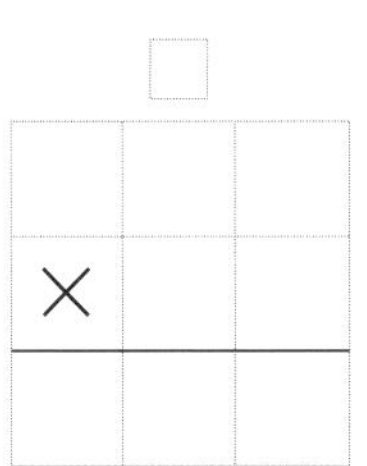

⑥ 17×3

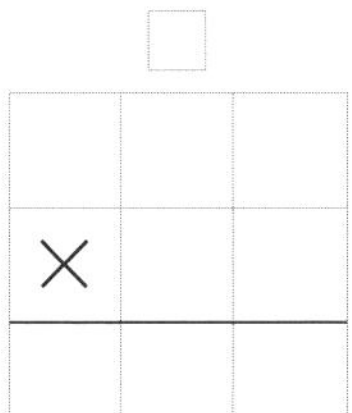

⑦ 12×7

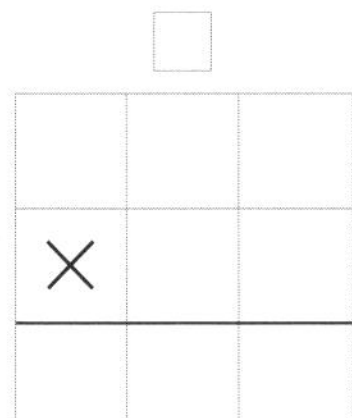

⑧ 19×4

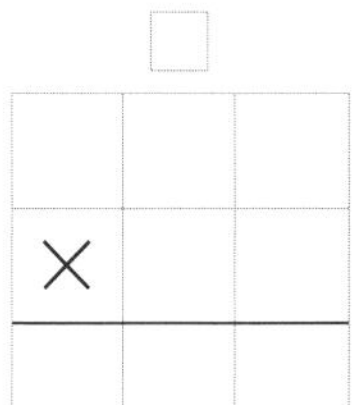

⑨ 13×6

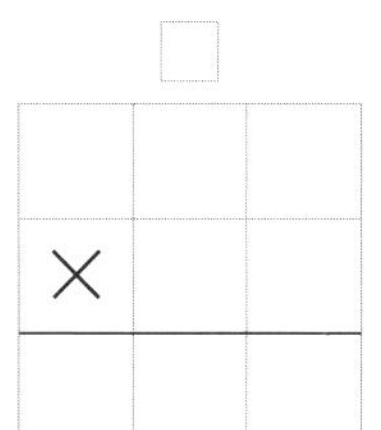

⑩ 24×3

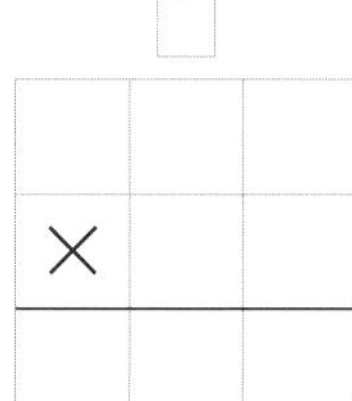

⑪ 49×2

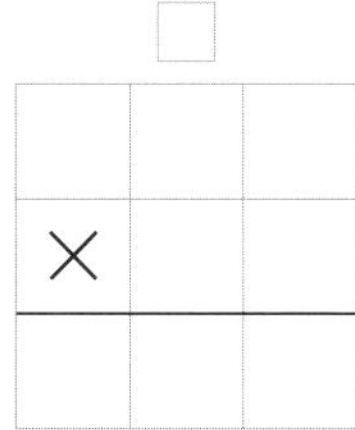

⑫ 36×2

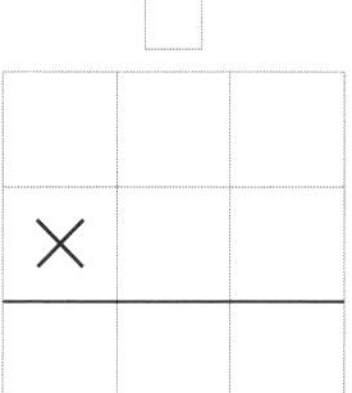

40 일의 자리에서 올림이 있는 가로셈 곱셈도 빠르게

집중 시간
4분

곱셈을 하세요.

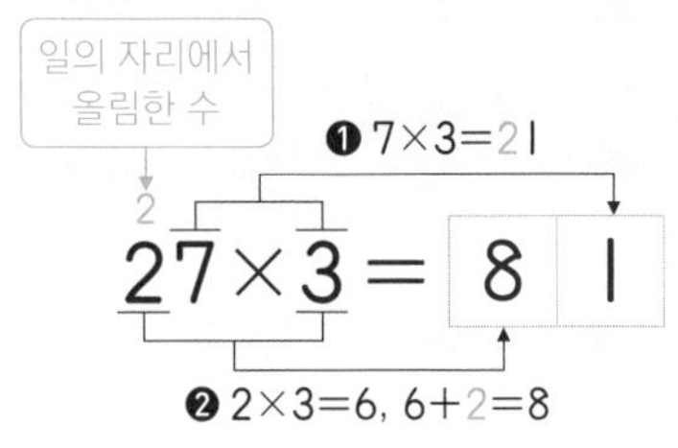
일의 자리에서 올림한 수
❶ 7×3=21
2
27×3= 8 1
❷ 2×3=6, 6+2=8

올림을 표시하면 정확하게 풀 수 있어요.

① 17×4=

② 35×2=

③ 24×4=

④ 38×2=

⑤ 45×2=

⑥ 14×7=

⑦ 25×3=

⑧ 14×5=

⑨ 14×3=

⑩ 15×4=

⑪ 47×2=

집중 시간 4분

곱셈을 하세요.

① $29\times2=$

② $23\times4=$

③ $16\times6=$

④ $37\times2=$

⑤ $17\times5=$

⑥ $19\times5=$

⑦ $16\times5=$

⑧ $24\times3=$

⑨ $29\times3=$

⑩ $15\times6=$

앗! 실수

⑪ $19\times3=$

⑫ $28\times3=$

⑬ $12\times7=$

⑭ $49\times2=$

올림한 수를 작게 쓰는 습관이 계산을 더 정확하게 해 줘요.

41 올림이 두 번 있는 곱셈

집중 시간
4분

곱셈을 하세요.

＊ 올림이 두 번 있는 (몇십몇)×(몇) 계산하기
2
5 7
× 4
8
❶ 7×4=28
2
5 7
× 4
2 2 8
❷ 5×4=20, 20+2=22

백 십 일

① 49 × 3

② 27 × 5

③ 36 × 4

④ 45 × 8

⑤ 53 × 5

⑥ 63 × 7

⑦ 44 × 5

⑧ 86 × 2

⑨ 56 × 7

⑩ 74 × 8

41

집중 시간
4분

곱셈을 하세요.

어려운 문제가 있으면
꼭 ☆ 표시를 하고 한 번 더 풀어야 해요.

	백	십	일
①		2	3
	×		6

일의 자리에서 올림한 수를 더해 주는 것을 잊지 마세요.

	백	십	일
②		4	2
	×		6

	백	십	일
③		3	4
	×		5

	백	십	일
④		5	9
	×		3

	백	십	일
⑤		4	8
	×		3

	백	십	일
⑥		6	3
	×		4

	백	십	일
⑦		5	4
	×		8

	백	십	일
⑧		2	6
	×		6

	백	십	일
⑨		3	9
	×		4

	백	십	일
⑩		9	3
	×		5

	백	십	일
⑪		8	2
	×		6

	백	십	일
⑫		9	8
	×		7

42 올림이 두 번 있는 곱셈을 잘하는 게 핵심

집중 시간 4분

곱셈을 하세요.

(백) (십) (일)

①
```
   2 6
×    8
------
 2 0 8
```
❷ 2×8=16, 16+4=20
❶ 6×8=48

②
```
   4 5
×    7
------
```

③
```
   3 5
×    6
------
```

④
```
   3 4
×    6
------
```

⑤
```
   4 7
×    9
------
```

⑥
```
   6 5
×    8
------
```

⑦
```
   5 8
×    8
------
```

⑧
```
   7 4
×    7
------
```

⑨
```
   6 7
×    6
------
```

* 계산이 힘든 친구들을 위한 꿀팁!

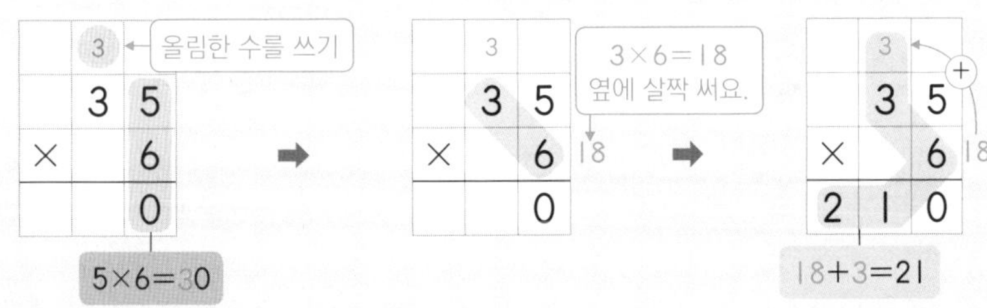

올림한 수를 쓰기
5×6=30
3×6=18
옆에 살짝 써요.
18+3=21

쉽게 이해할 수 있게
영상으로 준비했어요!

올림한 수를 더하는 과정에 받아올림이 있으면 계산 중간에 살짝 써 놓고 더해 봐요.

집중 시간
4분

세로셈으로 나타내고, 곱셈을 하세요.

① 23×9

	2	3
×		9

② 35×6

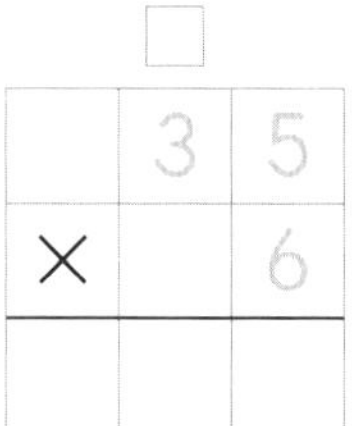
3 5
× 6

③ 47×7

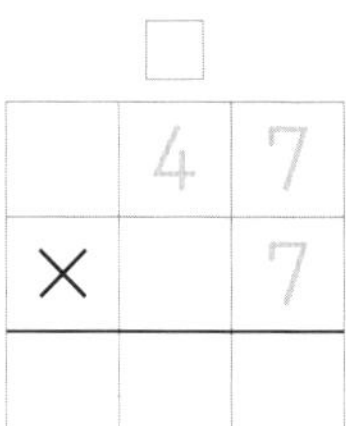
4 7
× 7

④ 56×9

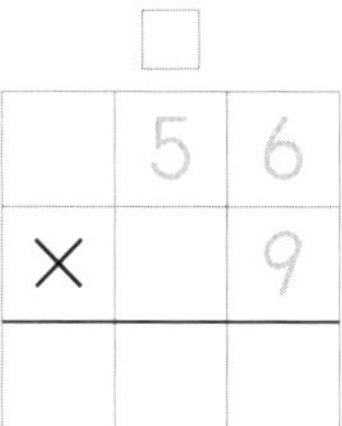
5 6
× 9

⑤ 38×8

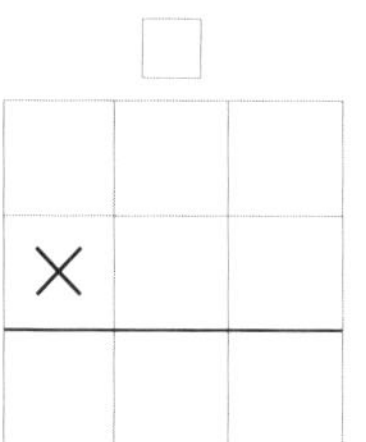
×

⑥ 47×9

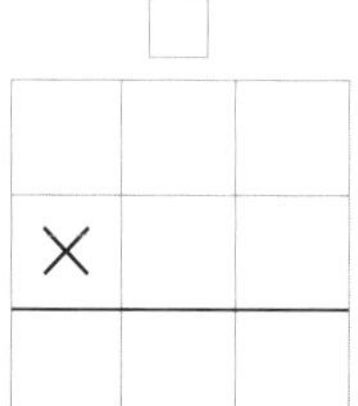
×

⑦ 63×8

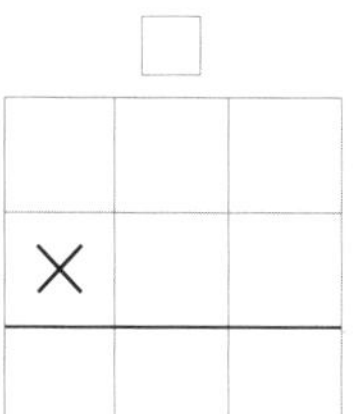
×

⑧ 72×7

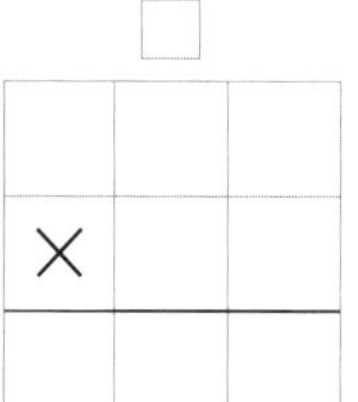
×

⑨ 67×9

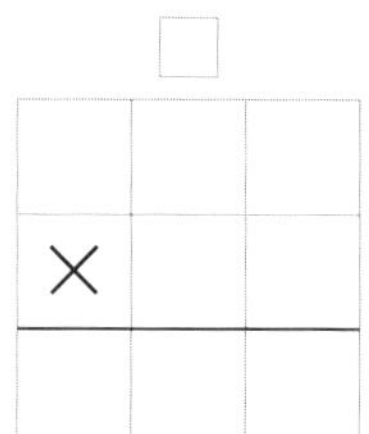
×

⑩ 78×8

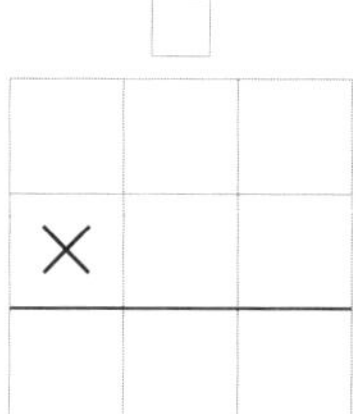
×

⑪ 85×6

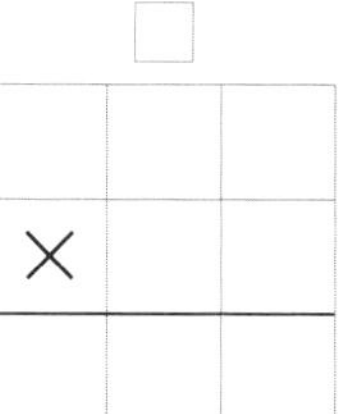
×

⑫ 89×8

×		

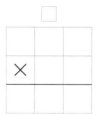

43 올림이 두 번 있는 곱셈을 빠르게

집중 시간
4분

곱셈을 하세요.

가로셈에서도 일의 자리에서
올림한 수를 십의 자리 위에 작게 쓰고,
십의 자리 곱에 더하면 돼요.

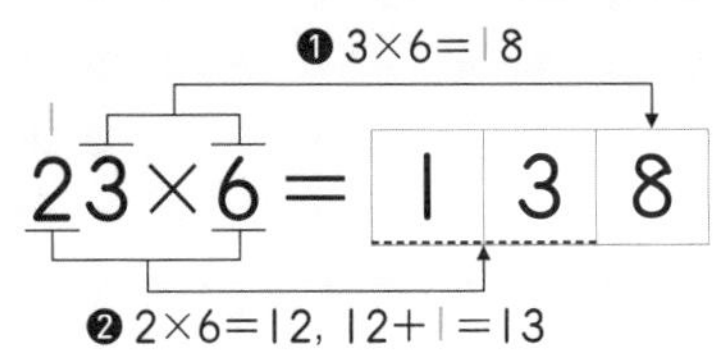
❶ 3×6=18
23×6= 1 3 8
❷ 2×6=12, 12+1=13

❶ 37×4=

❷ 49×5=

❸ 58×3=

❹ 66×9=

❺ 83×4=

❻ 43×7=

❼ 58×7=

❽ 64×8=

❾ 69×8=

❿ 76×8=

⓫ 89×7=

집중 시간 5분

곱셈을 하세요.

세로셈으로 바꾸지 말고 가로셈으로 푸는 연습을 해요.

① $22\times9=$

② $32\times8=$

③ $59\times5=$

④ $94\times5=$

⑤ $67\times7=$

⑥ $34\times9=$

⑦ $48\times7=$

⑧ $69\times3=$

⑨ $63\times8=$

⑩ $88\times7=$

앗! 실수

⑪ $26\times8=$

⑫ $74\times7=$

⑬ $68\times8=$

⑭ $86\times6=$

44 올림이 두 번 있는 곱셈 집중 연습

집중 시간
4분

곱셈을 하세요.

① 35×4

② 56×5

③ 84×4

④ 49×3

⑤ 62×7

⑥ 36×6

⑦ 65×8

⑧ 77×7

⑨ 88×8

⑩ 89×9

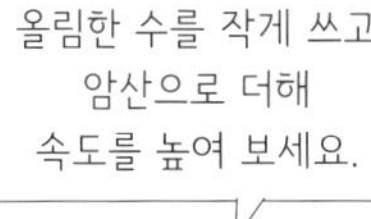
올림한 수를 작게 쓰고
암산으로 더해
속도를 높여 보세요.

앗! 실수

⑪ 79×7

⑫ 38×9

⑬ 67×8

44

집중 시간 4분

빈칸에 알맞은 수를 써넣으세요.

1

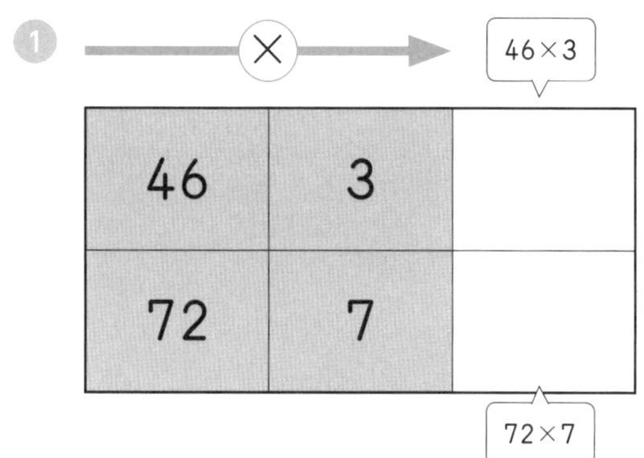

46	3	
72	7	

46×3
72×7

화살표 방향으로
두 수의 곱을 구해 보세요.

2

76	9	
98	3	

4

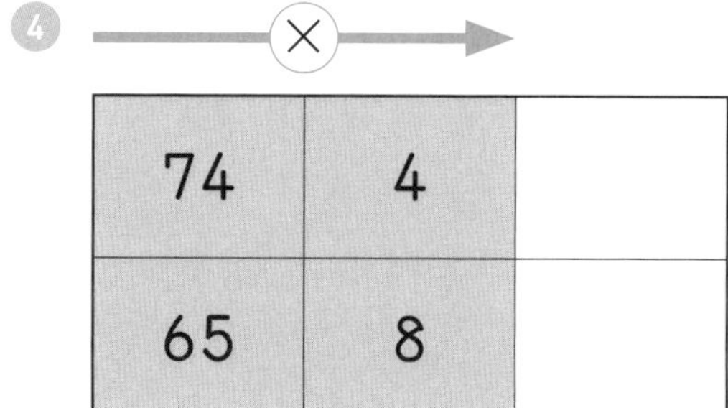

74	4	
65	8	

3

58	6	
84	7	

5

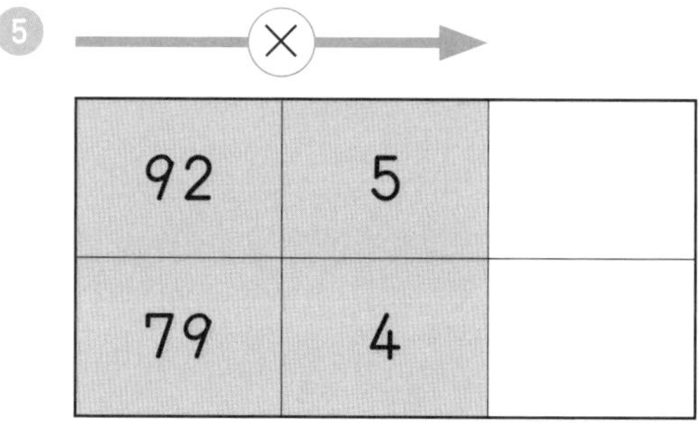

92	5	
79	4	

45 생활 속 연산 – 곱셈

집중 시간
4분

그림을 보고 □ 안에 알맞은 수를 써넣으세요.

1

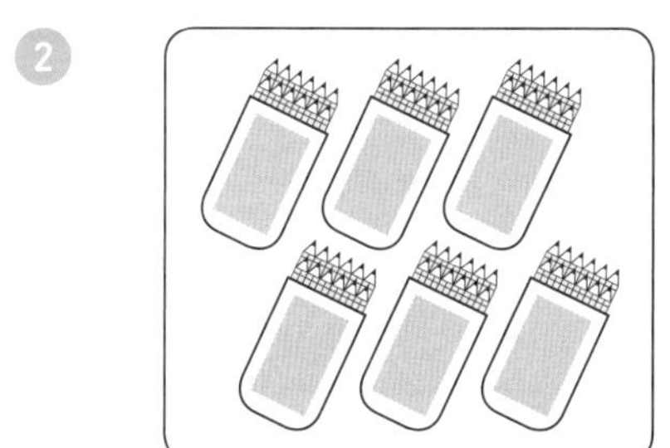

1판에 21개씩 포장되어 있는 메추리알을 5판 샀습니다. 산 메추리알은 모두 □개입니다.

2

연필 1타는 12자루입니다. 연필 6타에 들어 있는 연필은 □자루입니다.

3

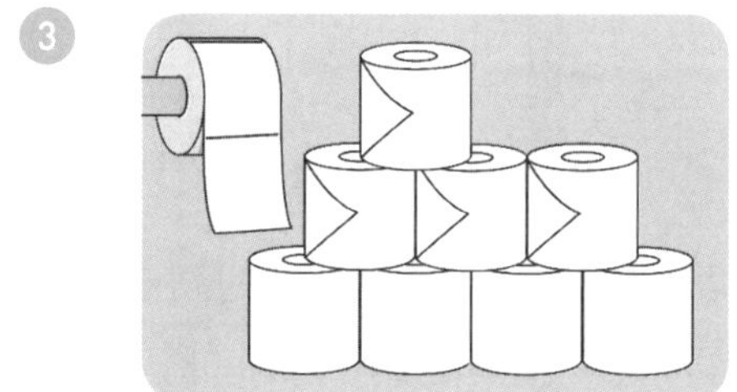

민지네 가족은 1달에 9개의 화장지를 사용합니다. 민지네 가족이 1년 동안 사용하는 화장지는 □개입니다.

1년=12달

4

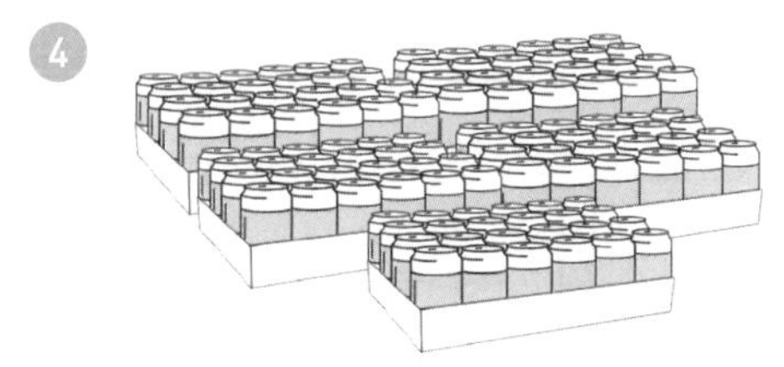

1박스에 24개씩 들어 있는 음료수가 5박스 있습니다. 음료수는 모두 □개입니다.

집중 시간 3분

※ 곱셈식이 모두 맞는 사다리를 타고 올라가야 고양이가 지붕 위의 생선을 먹을 수 있어요.
고양이가 타고 올라갈 사다리 번호에 ◯표 하세요.

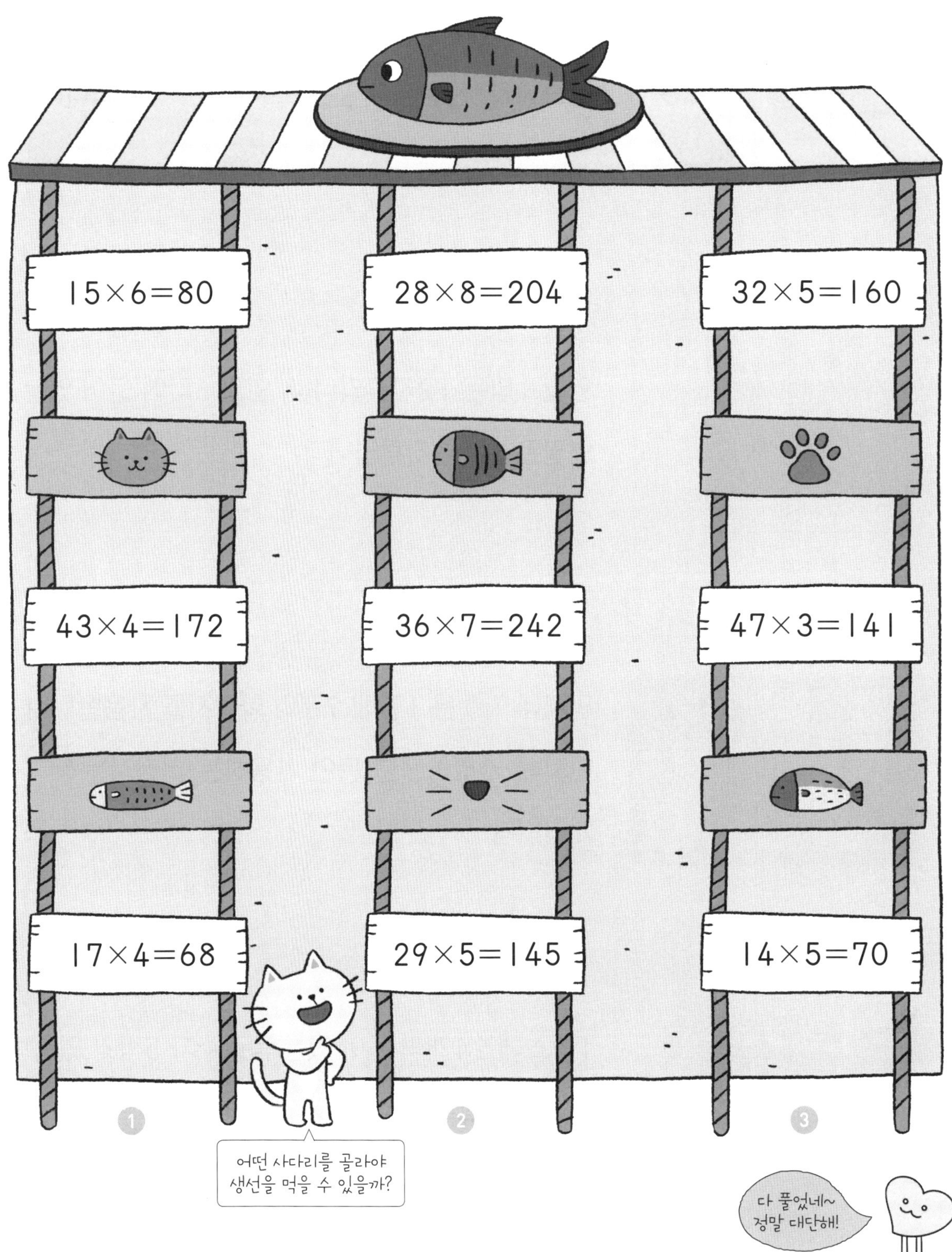
15×6=80
43×4=172
17×4=68
28×8=204
36×7=242
29×5=145
32×5=160
47×3=141
14×5=70
①
②
③
어떤 사다리를 골라야 생선을 먹을 수 있을까?

다 풀었네~ 정말 대단해!

넷째 마당 통과 문제

*틀린 문제는 꼭 다시 확인하고 넘어가요!

※ □ 안에 알맞은 수를 써넣으세요.

① $30 \times 2 = \square$

② $32 \times 3 = \square$

③ $62 \times 3 = \square$

④ $21 \times 5 = \square$

⑤ $28 \times 2 = \square$

⑥ $46 \times 2 = \square$

⑦ $42 \times 6 = \square$

⑧ $83 \times 5 = \square$

⑨ $23 \times 3 = \square$

⑩ $61 \times 6 = \square$

⑪ $51 \times 7 = \square$

⑫ $39 \times 2 = \square$

⑬ $92 \times 5 = \square$

⑭ $76 \times 8 = \square$

⑮ 1통에 18개씩 들어 있는 사탕이 4통 있습니다. 사탕은 모두 □개입니다.

오늘 공부한
단계를 색칠해
보세요!

46

47

48

49

50

다섯째 마당

길이와 시간

51

52

53

54

바빠 개념 쏙쏙!

1 mm와 1 km

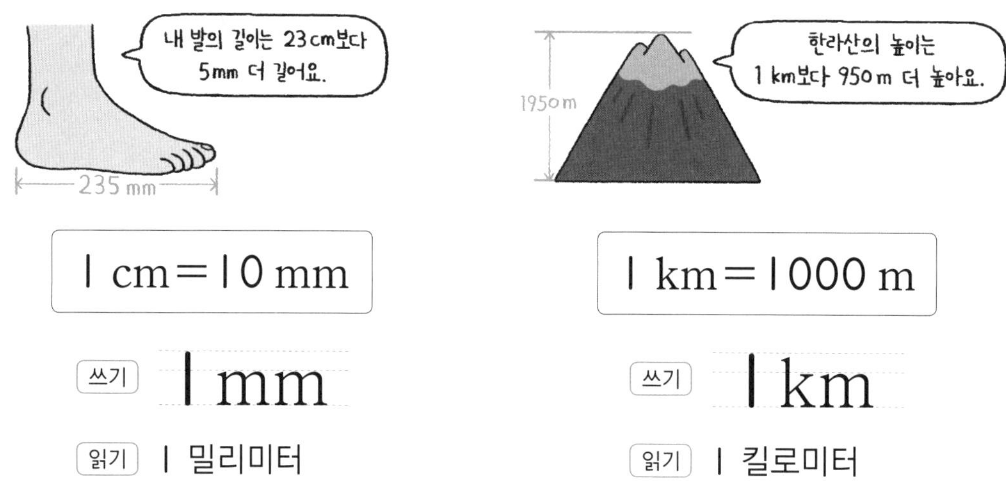

내 발의 길이는 23 cm보다 5 mm 더 길어요.
235 mm
한라산의 높이는 1 km보다 950 m 더 높아요.
1950 m

| cm = | 0 mm

쓰기 | mm

읽기 | 밀리미터

| km = | 000 m

쓰기 | km

읽기 | 킬로미터

1분보다 작은 단위 1초

| 초는 시계의 초바늘이 작은 눈금 한 칸을 가는 동안 걸리는 시간입니다.
초바늘이 시계를 한 바퀴 도는 데 걸리는 시간은 60초입니다.

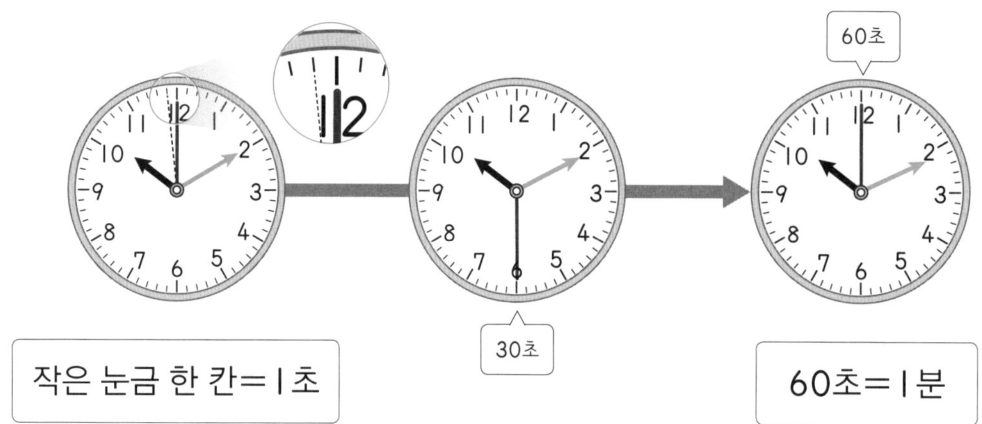

60초
30초

작은 눈금 한 칸= | 초

60초= | 분

46 1 cm는 10 mm, 1 km는 1000 m

집중 시간
2분

| cm = | 0 mm

□ 안에 알맞은 수를 써넣으세요.

* | mm는 | cm를 | 0칸으로 똑같이 나누었을 때 작은 눈금 한 칸의 길이(■)입니다.

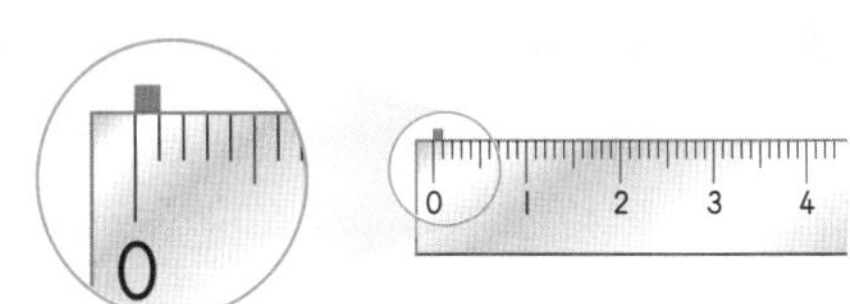

0
0
1
2
3
4

❶ 3 cm = □ mm

■ cm = ■0 mm

❷ 2 cm 3 mm = □ mm

| cm = | 0 mm이므로
2 cm 3 mm = 20 mm + 3 mm

❸ 4 cm 8 mm = □ mm

■ cm ▲ mm = ■▲ mm

❹ 5 cm 3 mm = □ mm

❺ 6 cm | mm = □ mm

❻ | 7 mm = □ cm □ mm

| 0 mm = | cm이므로
| 7 mm = | 0 mm + 7 mm

❼ 24 mm = □ cm □ mm

❽ 38 mm = □ cm □ mm

❾ 47 mm = □ cm □ mm

❿ 59 mm = □ cm □ mm

⓫ 65 mm = □ cm □ mm

집중 시간
2분

□ 안에 알맞은 수를 써넣으세요.

1 km=1000 m

① 2 km=[2000] m

■ km=■000 m

⑦ 2700 m=□ km □ m

1000 m=1 km이므로
2700 m=2000 m+700 m

② 5 km=□ m

⑧ 3400 m=□ km □ m

③ 5 km 300 m=□ m

1 km=1000 m이므로
5 km 300 m=5000 m+300 m

⑨ 6700 m=□ km □ m

④ 4 km 800 m=□ m

■ km ▲00 m=■▲00 m

⑩ 8300 m=□ km □ m

⑤ 7 km 500 m=□ m

앗! 실수

⑪ 1050 m=□ km □ m

1000 m=1 km이므로
1050 m=1000 m+50 m

⑥ 8 km 20 m=□ m

1 km=1000 m이므로
8 km 20 m=8000 m+20 m

⑫ 9003 m=□ km □ m

47 # 1분은 60초, 2분은 120초

집중 시간
2분

1분=60초

☐ 안에 알맞은 수를 써넣으세요.

① 1분=☐초

② 2분=☐초

1분+1분=60초+60초

③ 5분=☐초

④ 7분=☐초

⑤ 1분 30초=☐초

1분은 60초이므로
1분 30초=60초+30초

⑥ 2분 10초=☐초

⑦ 3분 15초=☐초

⑧ 4분 20초=☐초

⑨ 5분 25초=☐초

⑩ 6분 50초=☐초

⑪ 8분 30초=☐초

⑫ 9분 45초=☐초

집중 시간 2분

※ □ 안에 알맞은 수를 써넣으세요.

* 시간은 6단 곱셈구구를 외우면서 풀어요.

240초=[4]분

60×2=120초, 60×3=180초,
60×4=240초 ……

① 180초=□분

60초+60초+60초=1분+1분+1분
60×3

② 90초=□분 □초

60초+30초

③ 100초=□분 □초

④ 125초=□분 □초

⑤ 150초=□분 □초

⑥ 200초=□분 □초

⑦ 250초=□분 □초

⑧ 310초=□분 □초

⑨ 400초=□분 □초

⑩ 450초=□분 □초

⑪ 500초=□분 □초

48 초끼리, 분끼리, 시끼리 더하자

집중 시간
2분

시간의 합을 구하세요.

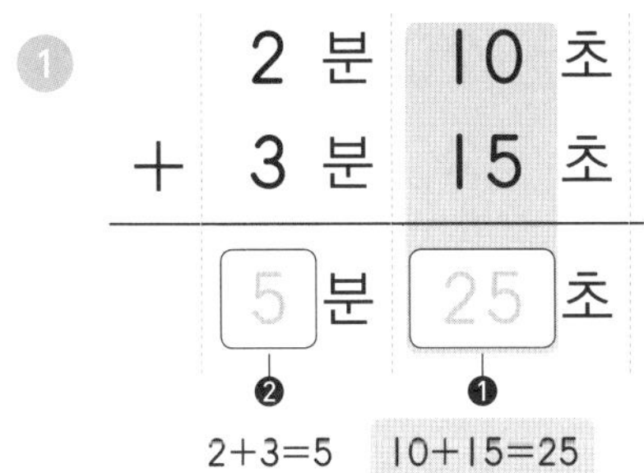
2 분 10 초
+ 3 분 15 초
5 분 25 초
2+3=5
10+15=25

끼리끼리~ 계산해요!
분
초

②
$$\begin{array}{rrrr} & 3\text{분} & 20\text{초} \\ + & 4\text{분} & 25\text{초} \\ \hline & \square\text{분} & \square\text{초} \end{array}$$

③
$$\begin{array}{rrrr} & 5\text{분} & 13\text{초} \\ + & 3\text{분} & 19\text{초} \\ \hline & \square\text{분} & \square\text{초} \end{array}$$

④
$$\begin{array}{rrrr} & 6\text{분} & 15\text{초} \\ + & 5\text{분} & 35\text{초} \\ \hline & \square\text{분} & \square\text{초} \end{array}$$

⑤
$$\begin{array}{rrrr} & 10\text{분} & 25\text{초} \\ + & 2\text{분} & 25\text{초} \\ \hline & \square\text{분} & \square\text{초} \end{array}$$

⑥
$$\begin{array}{rrrr} & 22\text{분} & 8\text{초} \\ + & 10\text{분} & 24\text{초} \\ \hline & \square\text{분} & \square\text{초} \end{array}$$

⑦
$$\begin{array}{rrrr} & 28\text{분} & 25\text{초} \\ + & 25\text{분} & 15\text{초} \\ \hline & \square\text{분} & \square\text{초} \end{array}$$

⑧
$$\begin{array}{rrrr} & 37\text{분} & 37\text{초} \\ + & 15\text{분} & 8\text{초} \\ \hline & \square\text{분} & \square\text{초} \end{array}$$

⑨
$$\begin{array}{rrrr} & 16\text{분} & 18\text{초} \\ + & 39\text{분} & 24\text{초} \\ \hline & \square\text{분} & \square\text{초} \end{array}$$

시간의 합을 구하세요.

* 시간의 합

- (시각)+(시간)=(시각)
- (시간)+(시간)=(시간)

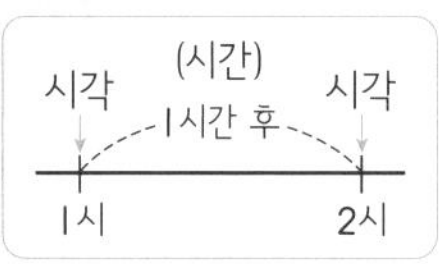
시각
(시간)
시각
1시간 후
1시
2시

(시각)+(시간)=(시각)

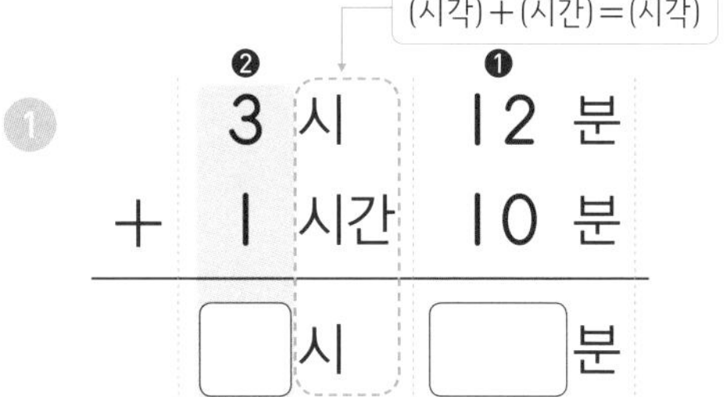

① 3 시 12 분
\+ 1 시간 10 분
□ 시 □ 분

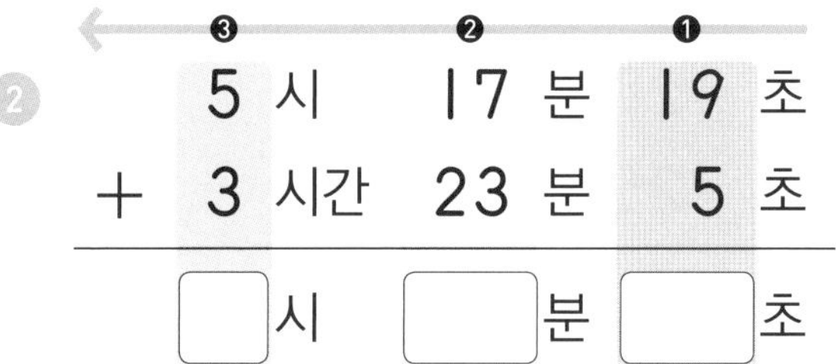

② 5 시 17 분 19 초
\+ 3 시간 23 분 5 초
□ 시 □ 분 □ 초

③ 4 시 5 분 32 초
\+ 2 시간 18 분 13 초
□ 시 □ 분 □ 초

④ 2 시 12 분 40 초
\+ 8 시간 8 분 5 초
□ 시 □ 분 □ 초

⑤ 7 시간 20 분
\+ 3 시간 30 분
□ 시간 □ 분

(시간)+(시간)=(시간)

⑥ 10 시간 5 분
\+ 2 시간 30 분
□ 시간 □ 분

⑦ 3 시간 27 분 12 초
\+ 4 시간 15 분 28 초
□ 시간 □ 분 □ 초

⑧ 3 시간 20 분 17 초
\+ 5 시간 14 분 15 초
□ 시간 □ 분 □ 초

⑨ 10 시간 15 분 48 초
\+ 11 시간 40 분 10 초
□ 시간 □ 분 □ 초

49 60초는 1분, 60분은 1시간으로 받아올림하자

집중 시간
3분

시간의 합을 구하세요.

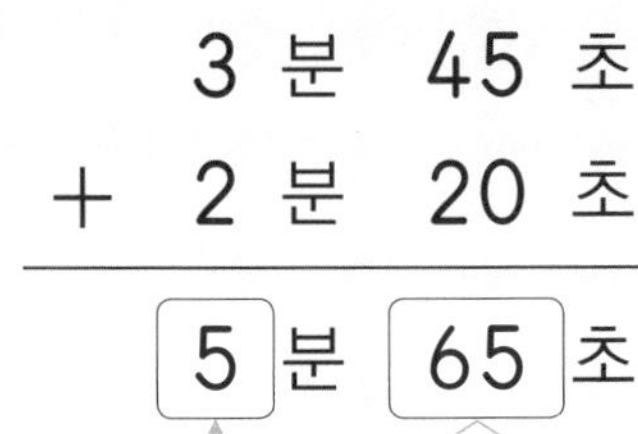

$$\begin{array}{rrrr} & 3\text{분} & 45\text{초} \\ + & 2\text{분} & 20\text{초} \\ \hline & \boxed{5}\text{분} & \boxed{65}\text{초} \end{array}$$

1분 60초 5초

➡ $\boxed{6}$분 $\boxed{5}$초

60초를 1분으로 받아올림해요!
60
분
초

1.
$$\begin{array}{rrrr} & 2\text{분} & 40\text{초} \\ + & 4\text{분} & 30\text{초} \\ \hline & \square\text{분} & \square\text{초} \end{array}$$
➡ □분 □초

2.
$$\begin{array}{rrrr} & 3\text{분} & 55\text{초} \\ + & 4\text{분} & 8\text{초} \\ \hline & \square\text{분} & \square\text{초} \end{array}$$
➡ □분 □초

3.
$$\begin{array}{rrrr} & 10\text{분} & 25\text{초} \\ + & 5\text{분} & 38\text{초} \\ \hline & \square\text{분} & \square\text{초} \end{array}$$
➡ □분 □초

4.
$$\begin{array}{rrrr} & 15\text{분} & 29\text{초} \\ + & 14\text{분} & 42\text{초} \\ \hline & \square\text{분} & \square\text{초} \end{array}$$
➡ □분 □초

5.
$$\begin{array}{rrrr} & 18\text{분} & 32\text{초} \\ + & 21\text{분} & 46\text{초} \\ \hline & \square\text{분} & \square\text{초} \end{array}$$
➡ □분 □초

6.
$$\begin{array}{rrrr} & 27\text{분} & 43\text{초} \\ + & 12\text{분} & 34\text{초} \\ \hline & \square\text{분} & \square\text{초} \end{array}$$
➡ □분 □초

7.
$$\begin{array}{rrrr} & 31\text{분} & 19\text{초} \\ + & 19\text{분} & 50\text{초} \\ \hline & \square\text{분} & \square\text{초} \end{array}$$
➡ □분 □초

집중 시간 3분

시간의 합을 구하세요.

①
2 시 40 분
\+ 1 시간 30 분
3 시 70 분
1시간 60분 10분
➡ □ 시 □ 분

⑤
1 시간 20 분
\+ 3 시간 46 분
□ 시간 □ 분
➡ □ 시간 □ 분

②
2 시 50 분 12 초
\+ 3 시간 30 분 6 초
□ 시 □ 분 □ 초
➡ □ 시 □ 분 □ 초

⑥
4 시간 49 분 5 초
\+ 1 시간 30 분 13 초
□ 시간 □ 분 □ 초
➡ □ 시간 □ 분 □ 초

③
3 시 25 분 19 초
\+ 3 시간 40 분 4 초
□ 시 □ 분 □ 초
➡ □ 시 □ 분 □ 초

⑦
3 시간 52 분 13 초
\+ 2 시간 15 분 30 초
□ 시간 □ 분 □ 초
➡ □ 시간 □ 분 □ 초

④
2 시 55 분 27 초
\+ 8 시간 15 분 3 초
□ 시 □ 분 □ 초
➡ □ 시 □ 분 □ 초

앗! 실수

⑧
5 시간 33 분 16 초
\+ 4 시간 57 분 8 초
□ 시간 □ 분 □ 초
➡ □ 시간 □ 분 □ 초

50 받아올림이 있는 시간 계산 한 번 더!

집중 시간
3분

시간의 합을 구하세요.

* 받아올림이 있는 시간의 합도 바로 계산하는 방법

1

2 시 40 분

\+ 1 시간 30 분

[10] 분

❶ 40+30=[70] < 60, 10

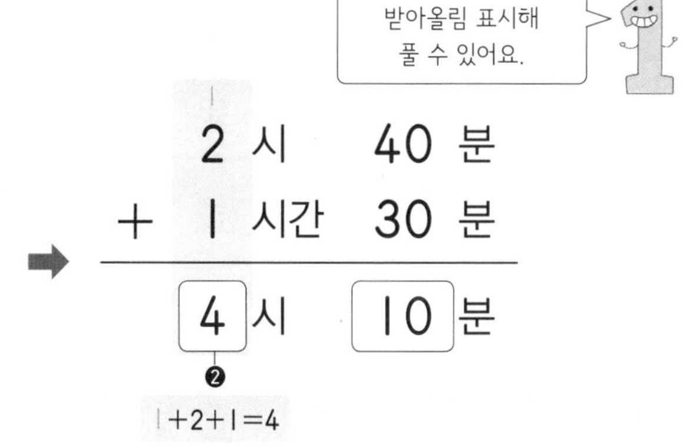

시간의 합도 60만큼을
받아올림 표시해
풀 수 있어요.
1
2 시 40 분
\+ 1 시간 30 분
[4] 시 [10] 분
❷ 1+2+1=4

❶ [1] ← 분에서 받아올림한 수

2 시 40 분

\+ 2 시간 30 분

[ ] 시 [ ] 분

70

분끼리 더한 수를 살짝 써 놓고
받아올림을 해 봐요.

❹ [ ]

5 시간 55 분

\+ 2 시간 20 분

[ ] 시간 [ ] 분

❷ [ ]

2 시 45 분

\+ 5 시간 20 분

[ ] 시 [ ] 분

❺ [ ]

3 시간 50 분

\+ 2 시간 15 분

[ ] 시간 [ ] 분

❸ [ ]

3 시 35 분

\+ 5 시간 45 분

[ ] 시 [ ] 분

❻ [ ]

4 시간 20 분

\+ 4 시간 57 분

[ ] 시간 [ ] 분

※ 시간의 합을 구하세요.

①
　　3 시　20 분
＋ 1 시간　50 분
――――――――
　　□시　□분

②
　　3 시　40 분　23 초
＋ 4 시간　50 분　9 초
――――――――
　　□시　□분　□초

③
　　4 시　45 분　20 초
＋ 3 시간　20 분　9 초
――――――――
　　□시　□분　□초

④
　　4 시　45 분　37 초
＋ 6 시간　25 분　3 초
――――――――
　　□시　□분　□초

⑤
　　2 시간　40 분
＋ 2 시간　56 분
――――――――
　　□시간　□분

⑥
　　3 시간　23 분　9 초
＋ 2 시간　47 분　25 초
――――――――
　　□시간　□분　□초

⑦
　　5 시간　52 분　16 초
＋ 2 시간　38 분　40 초
――――――――
　　□시간　□분　□초

⑧
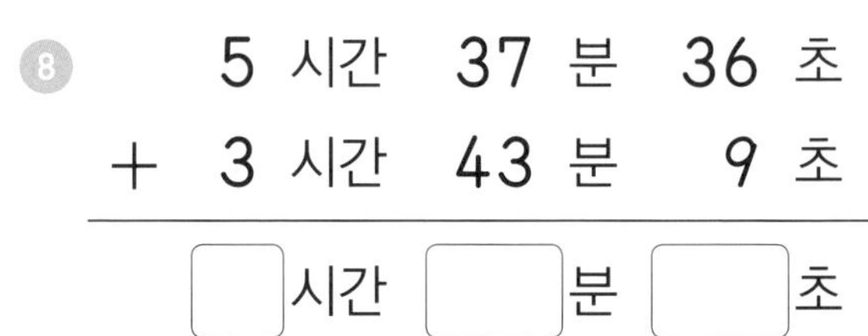
　　5 시간　37 분　36 초
＋ 3 시간　43 분　9 초
――――――――
　　□시간　□분　□초

51 초끼리, 분끼리, 시끼리 빼자

집중 시간
3분

시간의 차를 구하세요.

1

	❷		❶	
	3	분	20	초
−	2	분	5	초
	1	분	15	초

* 시간의 차
- (시각)−(시간)=(시각)
- (시각)−(시각)=(시간)
- (시간)−(시간)=(시간)

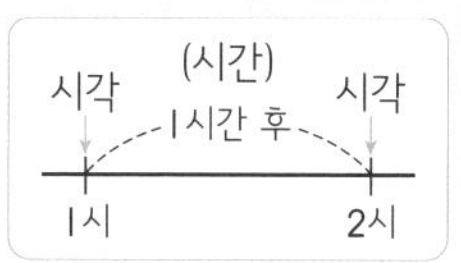
시각
(시간)
1시간 후
시각
1시
2시

2

	5	분	30	초
−	4	분	20	초
	□	분	□	초

6 (시각)−(시간)=(시각)

	4	시	50	분
−	2	시간	15	분
	□	시	□	분

3

	20	분	42	초
−	5	분	15	초
	□	분	□	초

7

	❸		❷		❶	
	6	시	15	분	10	초
−	2	시간	10	분	3	초
	□	시	□	분	□	초

4

	15	분	30	초
−	7	분	15	초
	□	분	□	초

8

	7	시	30	분	25	초
−	2	시간	15	분	10	초
	□	시	□	분	□	초

5

	32	분	32	초
−	25	분	19	초
	□	분	□	초

9

	8	시	35	분	40	초
−	1	시간	18	분	15	초
	□	시	□	분	□	초

시간의 차를 구하세요.

1
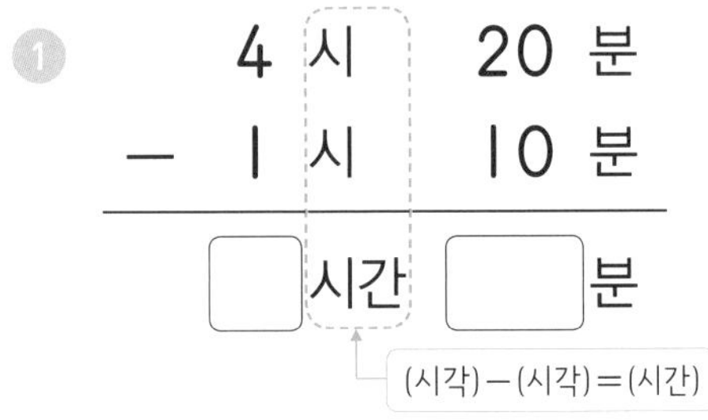
4 시 20 분
− 1 시 10 분
□ 시간 □ 분
(시각)−(시각)=(시간)

2

	5 시	30 분
−	3 시	15 분
	□ 시간	□ 분

3

	3 시	38 분	40 초
−	1 시	15 분	15 초
	□ 시간	□ 분	□ 초

4

	6 시	23 분	20 초
−	4 시	12 분	8 초
	□ 시간	□ 분	□ 초

5

	4 시	40 분	51 초
−	3 시	25 분	35 초
	□ 시간	□ 분	□ 초

6

	10 시간	42 분
−	3 시간	25 분
	□ 시간	□ 분

(시간)−(시간)=(시간)

7

	9 시간	47 분
−	4 시간	29 분
	□ 시간	□ 분

8

	12 시간	15 분	30 초
−	10 시간	8 분	12 초
	□ 시간	□ 분	□ 초

9

	5 시간	28 분	24 초
−	3 시간	13 분	16 초
	□ 시간	□ 분	□ 초

10

	6 시간	50 분	30 초
−	3 시간	17 분	6 초
	□ 시간	□ 분	□ 초

52 1분은 60초, 1시간은 60분으로 받아내림하자

집중 시간
4분

시간의 차를 구하세요.

1분을 60초로 받아내림해요!

분
초
60

❶
3 60
4 분 30 초
− 2 분 50 초
1 분 40 초

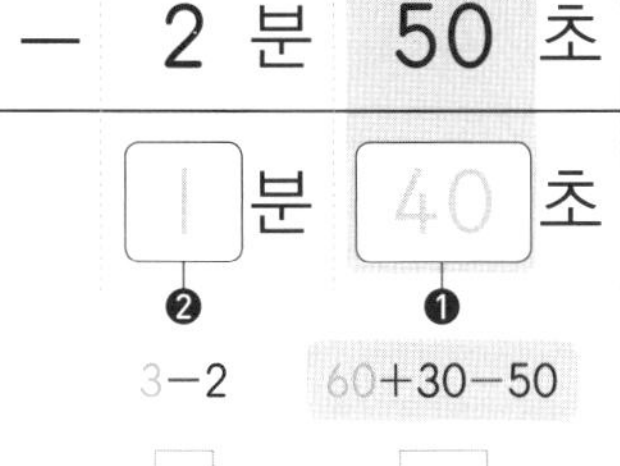

❷ 3−2
❶ 60+30−50

❷
7 분 25 초
− 2 분 40 초
□ 분 □ 초

❸
15 분 35 초
− 10 분 47 초
□ 분 □ 초

❹
20 분 27 초
− 15 분 40 초
□ 분 □ 초

❺
35 분 12 초
− 9 분 30 초
□ 분 □ 초

1시간을 60분으로 받아내림해요!

시
분
60

❻
2 60
3 시 40 분
− 1 시간 50 분
□ 시 □ 분

❷ 2−1
❶ 60+40−50

❼
4 시 5 분
− 2 시간 13 분
□ 시 □ 분

❽
5 60
6 시 25 분 30 초
− 3 시간 50 분 14 초
□ 시 □ 분 □ 초

❸ 5−3
❷ 60+25−50
❶ 30−14

❾
5 시 40 분 28 초
− 1 시간 55 분 13 초
□ 시 □ 분 □ 초

❿
9 시 26 분 6 초
− 4 시간 40 분 5 초
□ 시 □ 분 □ 초

※ 시간의 차를 구하세요.

① 4 시 35 분 − 2 시 45 분 = □시간 □분

② 5 시 8 분 − 3 시 45 분 = □시간 □분

③ 6 시 15 분 30 초 − 2 시 40 분 18 초 = □시간 □분 □초

④ 8 시 20 분 37 초 − 4 시 55 분 14 초 = □시간 □분 □초

⑤ 9 시 34 분 8 초 − 5 시 45 분 6 초 = □시간 □분 □초

⑥ 6 시간 23 분 − 2 시간 45 분 = □시간 □분

⑦ 7 시간 35 분 18 초 − 5 시간 58 분 10 초 = □시간 □분 □초

⑧ 8 시간 25 분 55 초 − 3 시간 45 분 50 초 = □시간 □분 □초

⑨ 9 시간 30 분 48 초 − 3 시간 44 분 30 초 = □시간 □분 □초

앗! 실수

⑩ 10 시간 30 분 55 초 − 6 시간 35 분 45 초 = □시간 □분 □초

53 받아내림이 있는 시간 계산 한 번 더!

집중 시간
4분

시간의 차를 구하세요.

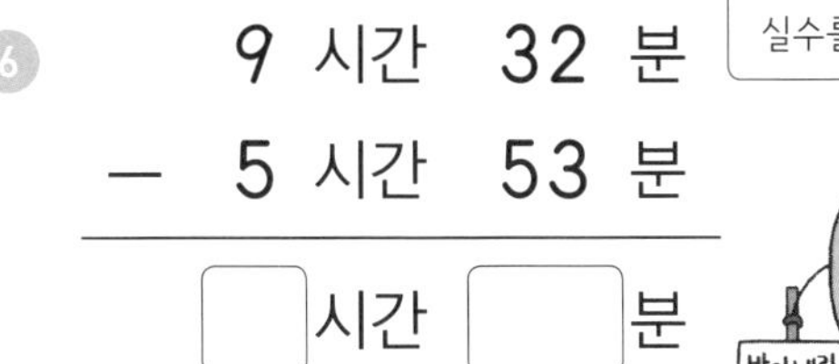
받아내림을 표시해 풀면
실수를 줄일 수 있어요!

받아내림

①
5 시 20 분
− 1 시 45 분
□시간 □분

②
4 시 10 분
− 2 시 20 분
□시간 □분

③
8 시 25 분 40 초
− 4 시 30 분 18 초
□시간 □분 □초

④
7 시 40 분 29 초
− 3 시 55 분 15 초
□시간 □분 □초

⑤
8 시 15 분 9 초
− 2 시 35 분 4 초
□시간 □분 □초

⑥
9 시간 32 분
− 5 시간 53 분
□시간 □분

⑦
7 시간 45 분 20 초
− 3 시간 59 분 10 초
□시간 □분 □초

⑧
8 시간 15 분 40 초
− 3 시간 55 분 25 초
□시간 □분 □초

⑨
6 시간 44 분 32 초
− 2 시간 50 분 20 초
□시간 □분 □초

⑩
9 시간 20 분 45 초
− 3 시간 25 분 35 초
□시간 □분 □초

시간의 차를 구하세요.

①
5 시 14 분
− 3 시 32 분
□시간 □분

②
9 시 9 분
− 3 시 23 분
□시간 □분

③
6 시 40 분 20 초
− 3 시 57 분 3 초
□시간 □분 □초

④
8 시 32 분 45 초
− 5 시 48 분 11 초
□시간 □분 □초

⑤
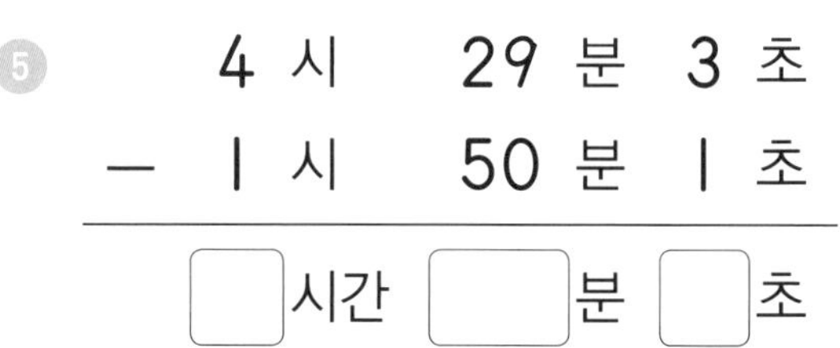
4 시 29 분 3 초
− 1 시 50 분 1 초
□시간 □분 □초

⑥
5 시간 17 분
− 2 시간 32 분
□시간 □분

⑦
9 시간 26 분 29 초
− 5 시간 35 분 11 초
□시간 □분 □초

⑧
7 시간 25 분 23 초
− 3 시간 57 분 10 초
□시간 □분 □초

⑨
6 시간 50 분 30 초
− 2 시간 59 분 15 초
□시간 □분 □초

앗! 실수

⑩
10 시간 20 분 35 초
− 5 시간 49 분 16 초
□시간 □분 □초

54 생활 속 연산 – 길이와 시간

집중 시간
4분

※ 그림을 보고 □ 안에 알맞은 수를 써넣으세요.

1

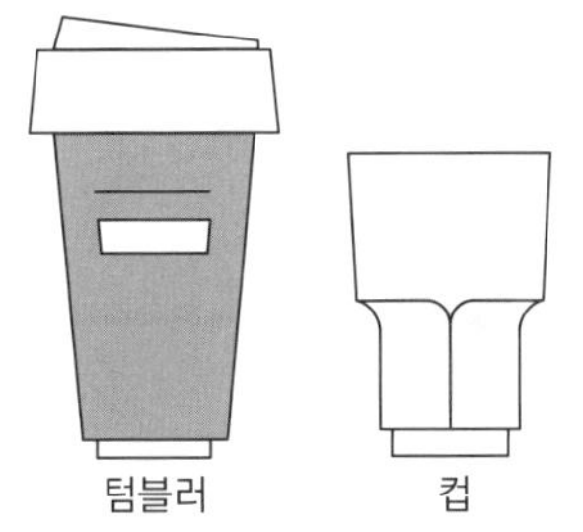
한라산의 높이는
1 km보다 950 m 더 높아요.

한라산의 높이는 약 1 km 950 m으로 □ m입니다.

2

텀블러 컵

텀블러의 길이는 18 cm 5 mm으로 □ mm이고, 컵의 길이는 128 mm로 □ cm □ mm입니다.

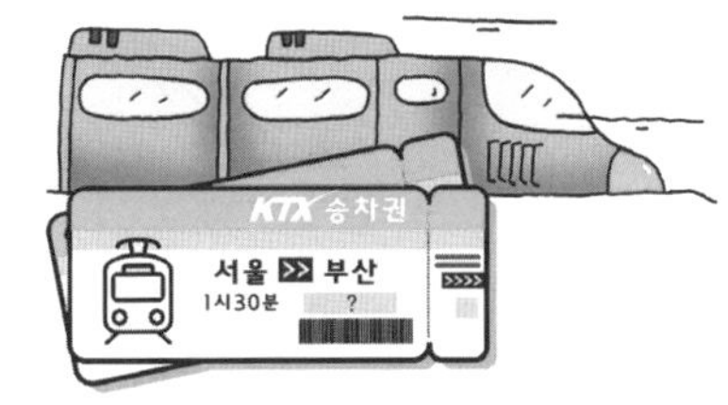
KTX 승차권
서울 >> 부산
1시30분
?

서울역에서 오후 1시 30분에 출발한 KTX 열차는 2시간 40분 후인 오후 □시 □분에 부산역에 도착합니다.

4

운동회가 오전 9시 20분에 시작해서 낮 12시 10분에 끝났습니다. 운동회가 진행된 시간은 □시간 □분입니다.

※ 동물 친구들이 기차를 타고 여행을 가려고 합니다. 도착하는 데 걸리는 시간과 같은 시계를 찾아 선으로 이어 보세요.

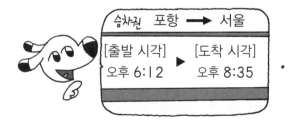

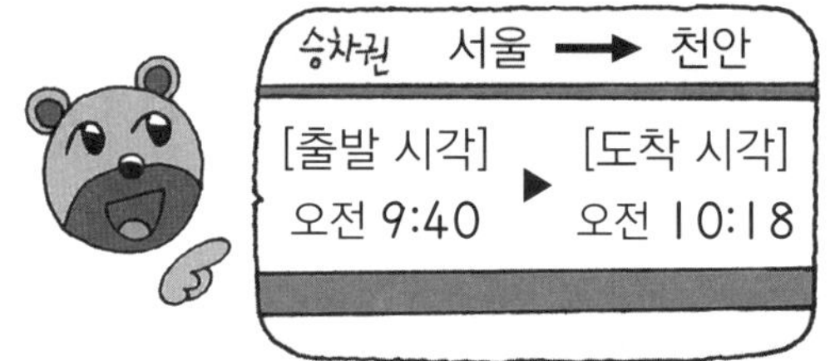
승차권 서울 → 천안
[출발 시각] ▶ [도착 시각]
오전 9:40 오전 10:18

1시간
6분

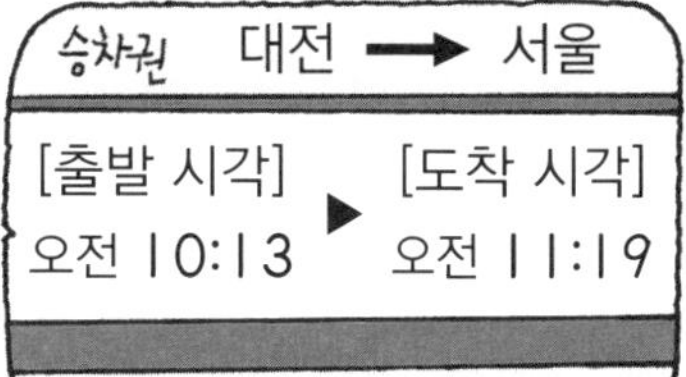
승차권 대전 → 서울
[출발 시각] ▶ [도착 시각]
오전 10:13 오전 11:19

31분

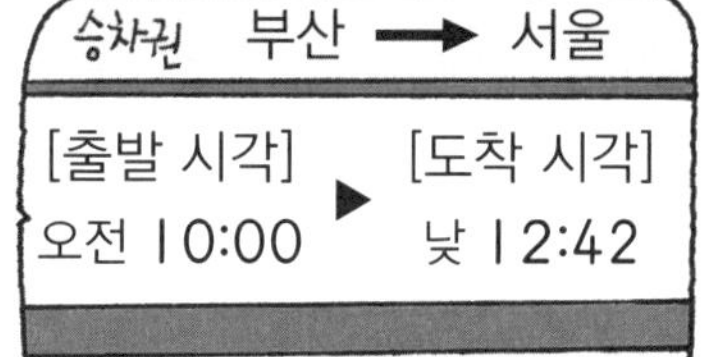
승차권 부산 → 서울
[출발 시각] ▶ [도착 시각]
오전 10:00 낮 12:42

38분

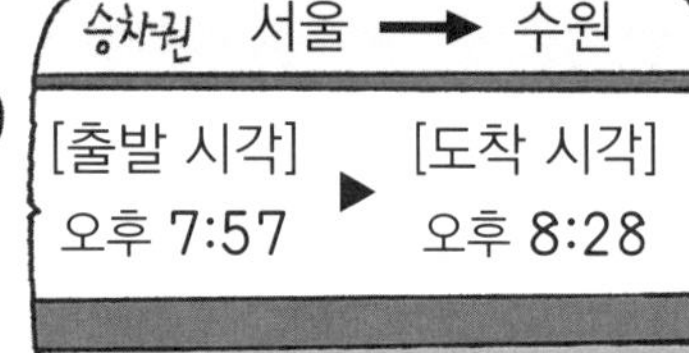
승차권 서울 → 수원
[출발 시각] ▶ [도착 시각]
오후 7:57 오후 8:28

2시간
23분

승차권 포항 → 서울

[출발 시각] ▶ [도착 시각]

오후 6:12 오후 8:35

2시간
42분

끝까지 풀다니!
너 정말 멋지다~

다섯째 마당
통과 문제

＊틀린 문제는 꼭 다시 확인하고 넘어가요!

※ □ 안에 알맞은 수를 써넣으세요.

① 40 mm = □ cm

② 67 mm = □ cm □ mm

③ 5 cm 3 mm = □ mm

④ 3400 m = □ km □ m

⑤ 5 km 300 m = □ m

⑥ 7 km 20 m = □ m

⑦ 2분 45초 = □ 초

⑧ 215초 = □ 분 □ 초

⑨ 520초 = □ 분 □ 초

⑩
```
    4 분  20 초
+   5 분  10 초
---------------
    □분   □초
```

⑪
```
    5 시간  40 분  30 초
-   2 시간  10 분  20 초
------------------------
    □시간   □분    □초
```

⑫
```
    3 시간  32 분  20 초
+   2 시간  40 분  30 초
------------------------
    □시간   □분    □초
 ➡  □시간   □분    □초
```

⑬
```
    2 시    45 분
+   3 시간  20 분
-----------------
    □시     □분
```

⑭
```
    4 시간  27 분  10 초
-   1 시간  50 분  20 초
------------------------
    □시간   □분    □초
```

오늘 공부한 단계를 색칠해 보세요!

55

56

57

58

여섯째 마당

분수와 소수

59

60

61

바빠 개념 쏙쏙!

분수와 소수 쓰고 읽기

분수
쓰기 $\frac{3}{10}$
읽기 10분의 3

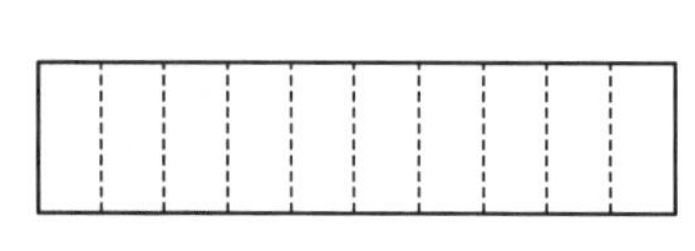

소수
쓰기 0.3
읽기 영 점 삼

분수의 크기 비교

• 분모가 같은 분수의 크기 비교
- 분자가 클수록 더 큰 수

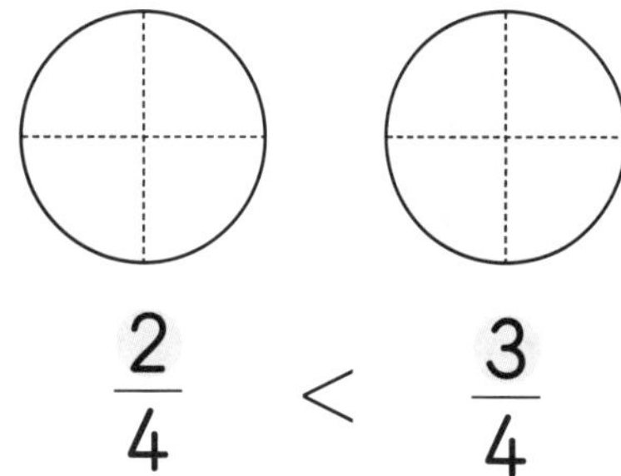

$\frac{2}{4} < \frac{3}{4}$

• 분자가 같은 분수의 크기 비교
- 분모가 작을수록 더 큰 수

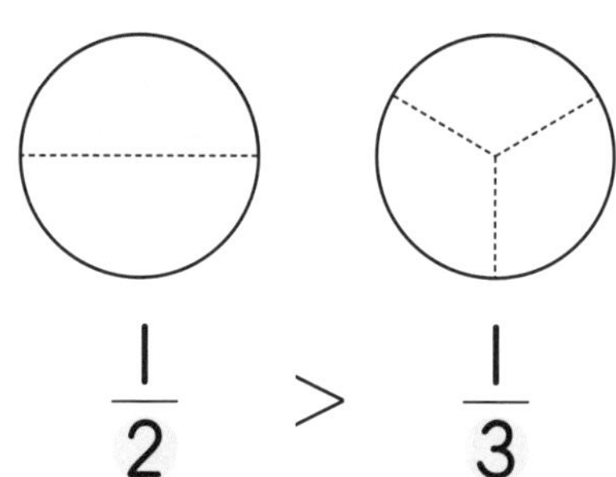

$\frac{1}{2} > \frac{1}{3}$

소수의 크기 비교

• 1보다 작은 소수의 크기 비교
- 0.1의 개수가 많을수록 더 큰 수

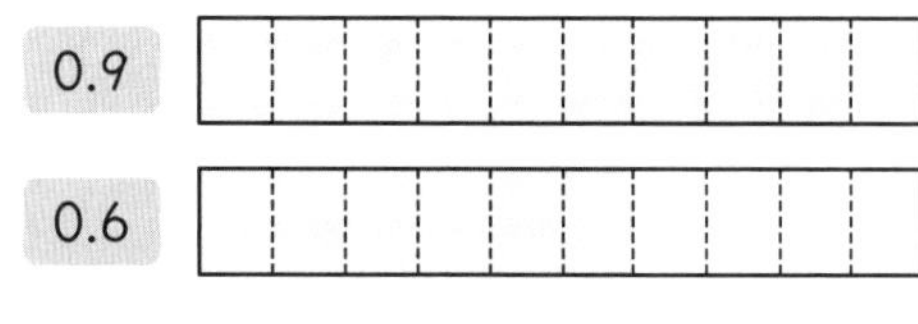

0.9
0.6

0.9 > 0.6

• 1보다 큰 소수의 크기 비교
- 소수점 왼쪽의 수가 클수록 더 큰 수

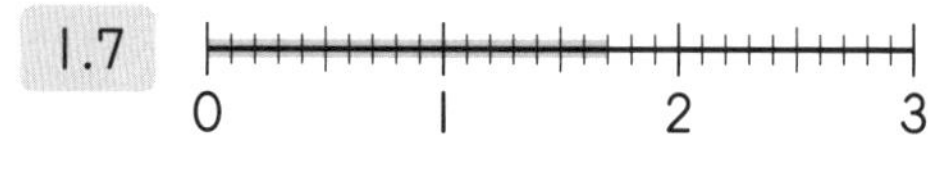

1.7
0
1
2
3

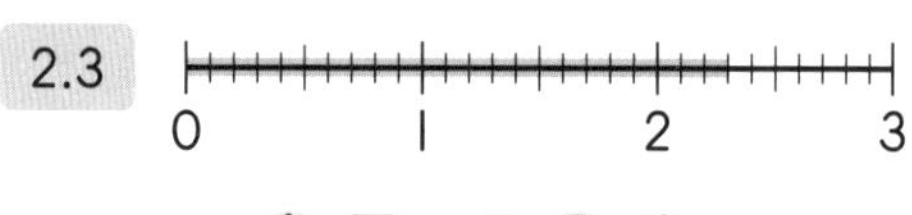

2.3
0
1
2
3

1.7 < 2.3

55 분수는 전체에 대한 부분을 나타낸 수

집중 시간
2분

색칠한 부분을 나타낸 분수를 찾아 ○표 하세요.

▲ ← 색칠한 부분의 수
■ ← 전체를 똑같이 나눈 수

1 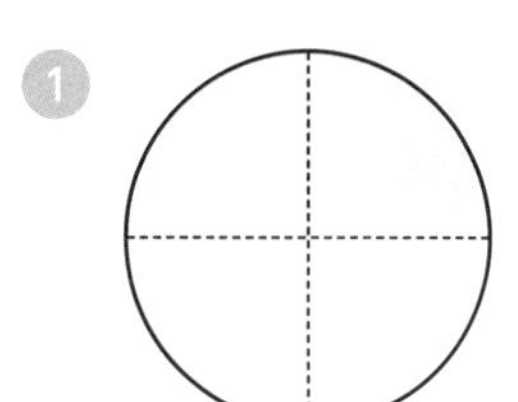

$\frac{3}{4}$ $\frac{1}{4}$ $\frac{1}{3}$

5 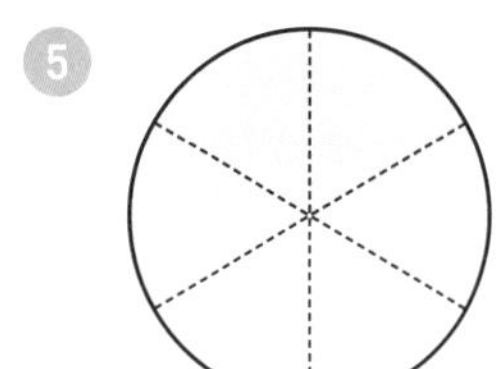

$\frac{2}{4}$ $\frac{4}{6}$ $\frac{6}{4}$

2 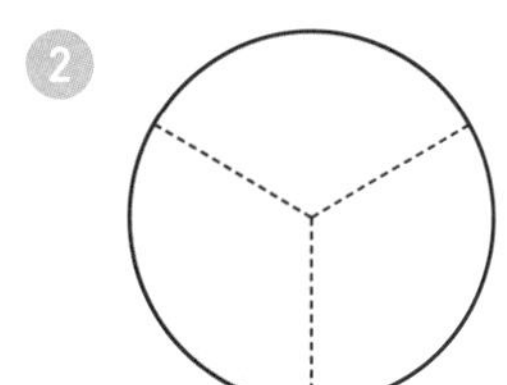

$\frac{1}{3}$ $\frac{2}{3}$ $\frac{3}{2}$

6 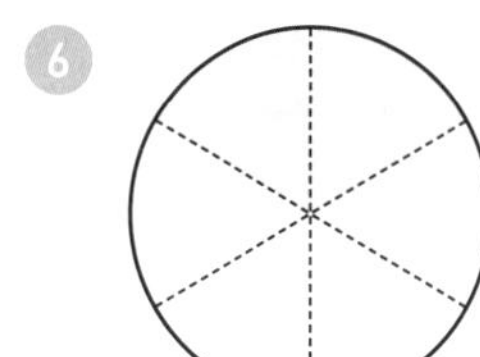

$\frac{6}{2}$ $\frac{4}{8}$ $\frac{2}{6}$

분수는 엄마가 자식을 업고 있는 모습에서 나왔어요.

3 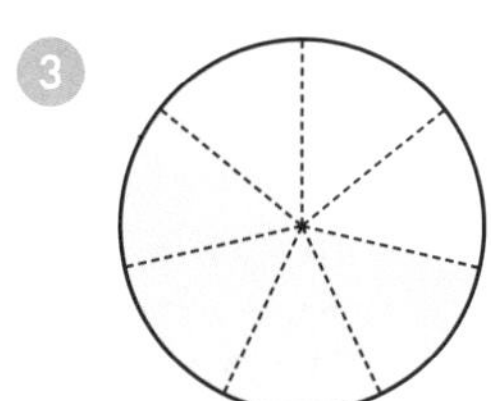

$\frac{4}{6}$ $\frac{6}{8}$ $\frac{5}{7}$

7 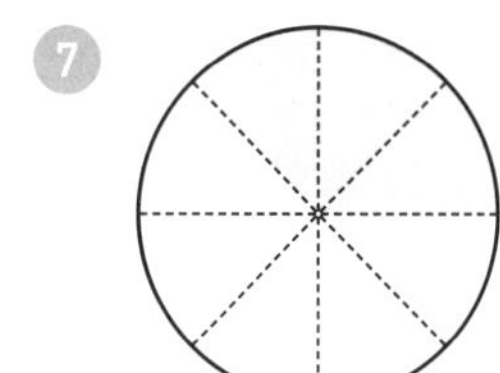

$\frac{3}{8}$ $\frac{4}{7}$ $\frac{3}{9}$

4 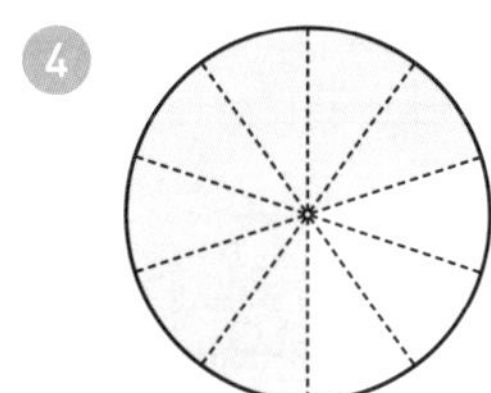

$\frac{6}{10}$ $\frac{7}{10}$ $\frac{3}{7}$

8 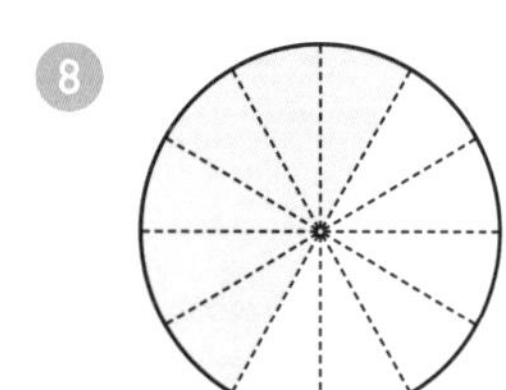

$\frac{6}{12}$ $\frac{6}{11}$ $\frac{5}{11}$

집중 시간 2분

색칠한 부분을 분수로 쓰고, 읽어 보세요.

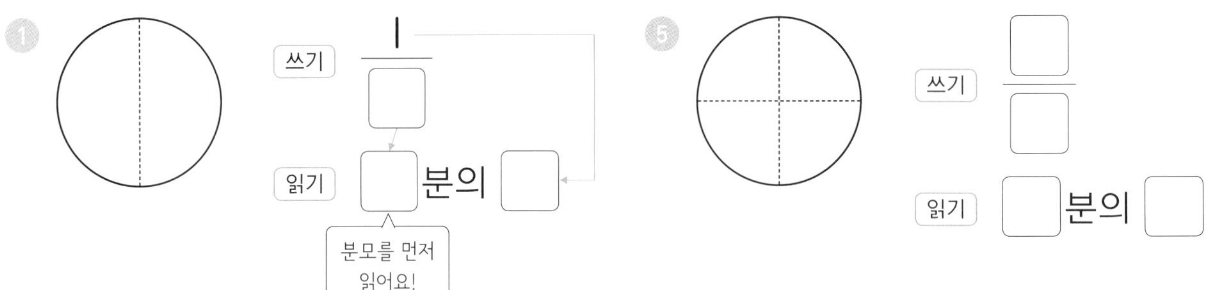
1
쓰기
1
읽기
분의
분모를 먼저 읽어요!
5
쓰기
읽기
분의

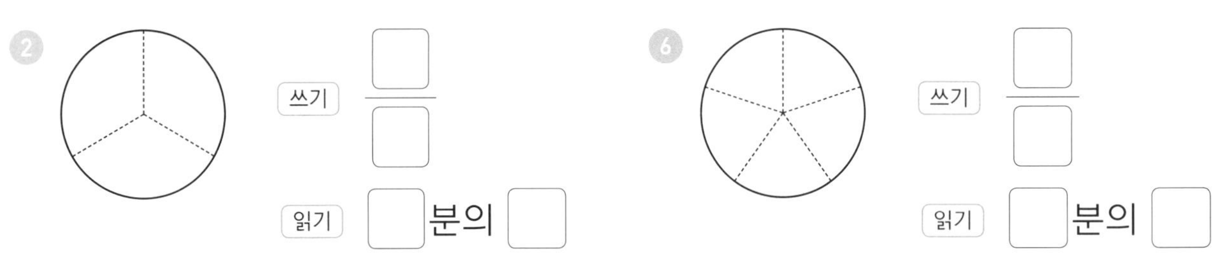
2
쓰기
읽기
분의
6
쓰기
읽기
분의

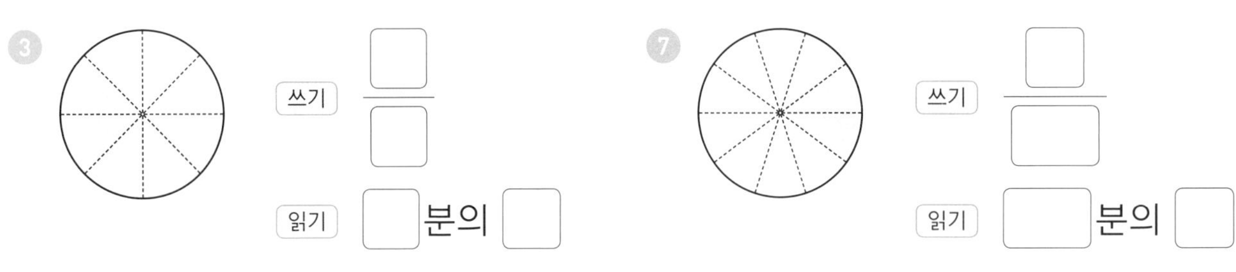
3
쓰기
읽기
분의
7
쓰기
읽기
분의

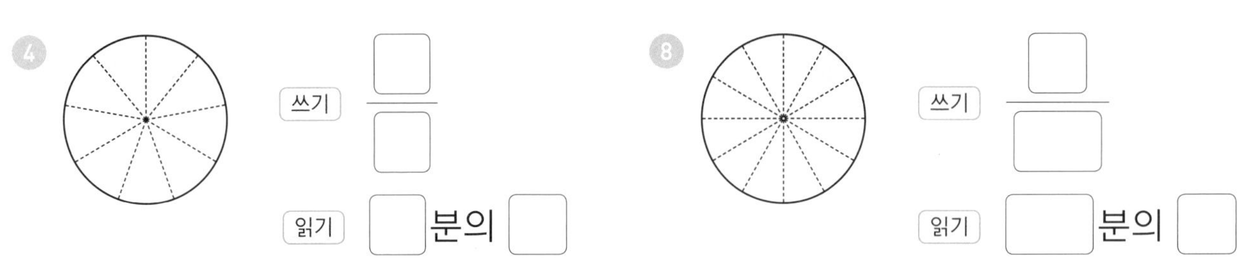
4
쓰기
읽기
분의
8
쓰기
읽기
분의

56 분모가 같을 땐 분자가 클수록 더 큰 수!

집중 시간
2분

분수만큼 색칠하고, ○ 안에 >, < 중 알맞은 것을 써넣으세요.

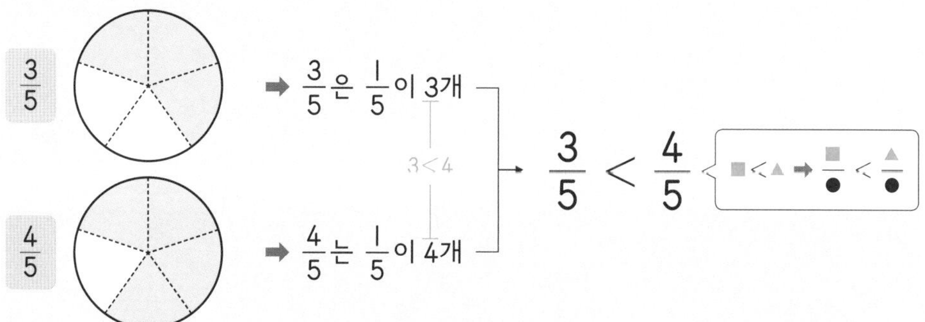
* 분모가 같은 분수의 크기 비교
$\frac{3}{5}$ ➡ $\frac{3}{5}$은 $\frac{1}{5}$이 3개
$\frac{4}{5}$ ➡ $\frac{4}{5}$는 $\frac{1}{5}$이 4개
3<4
$\frac{3}{5} < \frac{4}{5}$
■<▲ ➡ $\frac{■}{●} < \frac{▲}{●}$
➡ 분모가 같은 분수는 단위분수의 개수가 많을수록 더 커요. 즉, 분자가 클수록 더 커요.

1. 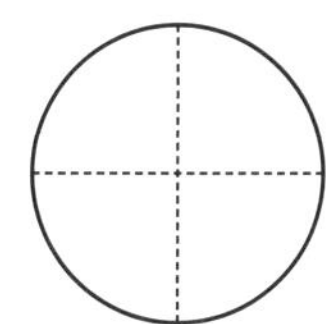

$\frac{3}{4}$ ○ $\frac{1}{4}$

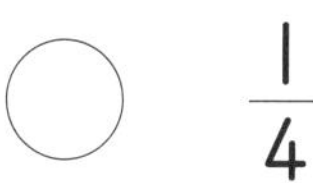

2. 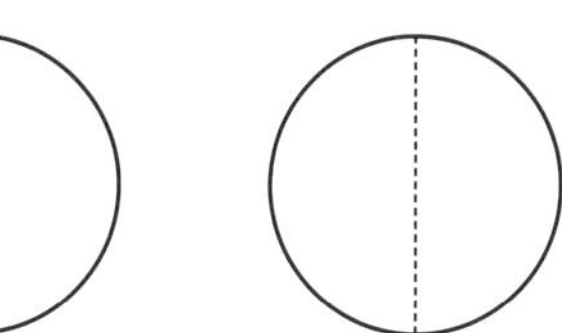

$\frac{1}{2}$ ○ $\frac{2}{2}$

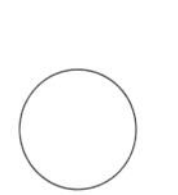

3. $\frac{6}{7}$ ○ $\frac{5}{7}$

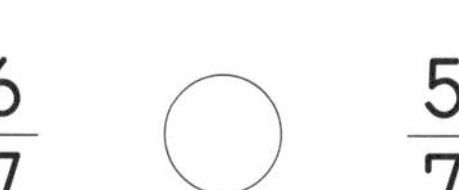

4. 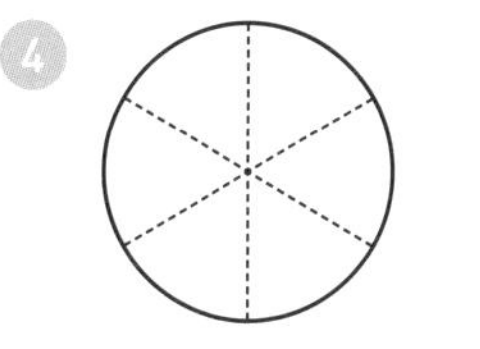 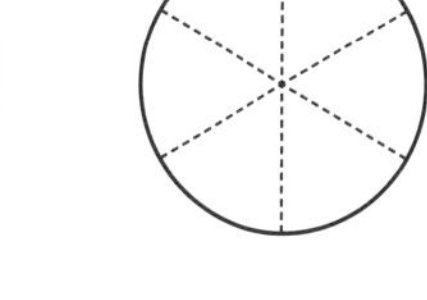

$\frac{3}{6}$ ○ $\frac{5}{6}$

5. 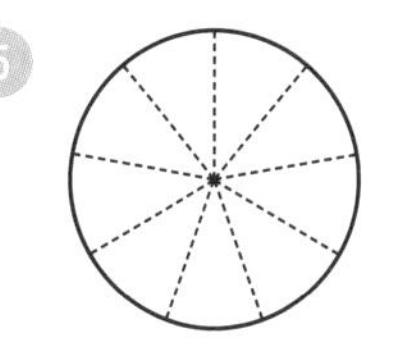 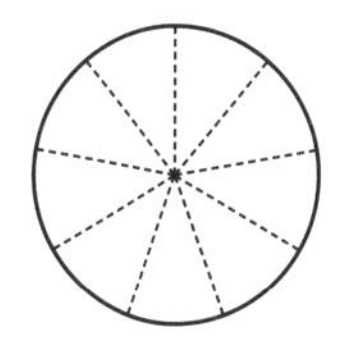

$\frac{4}{9}$ ○ $\frac{2}{9}$

6. 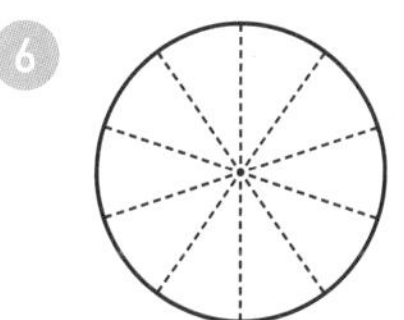 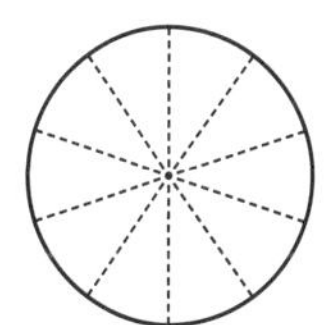

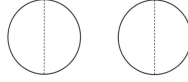

$\frac{9}{10}$ ○ $\frac{7}{10}$

집중 시간 2분

두 분수의 크기를 비교하여 ○ 안에 >, < 중 알맞은 것을 써넣으세요.

① $\frac{3}{7}$ ○ $\frac{4}{7}$

② $\frac{3}{5}$ ○ $\frac{2}{5}$

③ $\frac{11}{21}$ ○ $\frac{12}{21}$

④ $\frac{9}{13}$ ○ $\frac{11}{13}$

⑤ $\frac{1}{6}$ ○ $\frac{5}{6}$

⑥ $\frac{3}{8}$ ○ $\frac{1}{8}$

⑦ $\frac{3}{4}$ ○ $\frac{1}{4}$

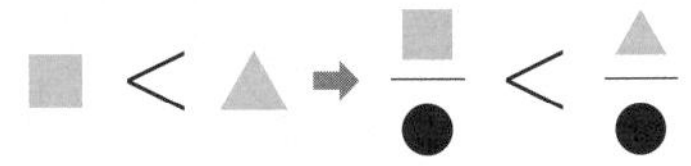

⑧ $\frac{2}{9}$ ○ $\frac{5}{9}$

⑨ $\frac{20}{23}$ ○ $\frac{13}{23}$

⑩ $\frac{4}{15}$ ○ $\frac{11}{15}$

⑪ $\frac{11}{17}$ ○ $\frac{15}{17}$

⑫ $\frac{4}{10}$ ○ $\frac{9}{10}$

57 단위분수는 분모가 작을수록 더 큰 수!

집중 시간 2분

※ 분수만큼 색칠하고, ○ 안에 >, <중 알맞은 것을 써넣으세요.

❶

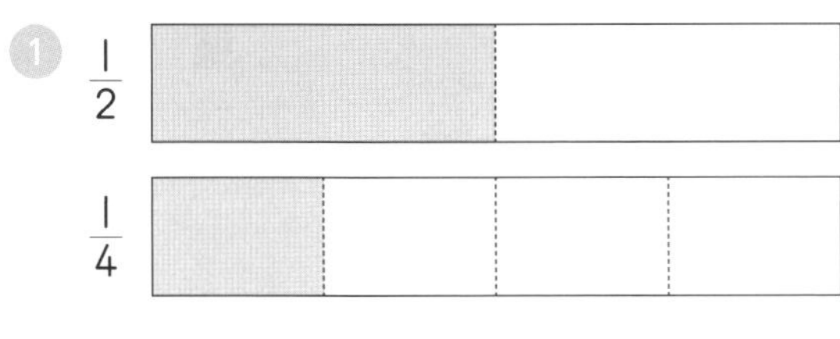

$\frac{1}{2}$ ○ $\frac{1}{4}$

❹

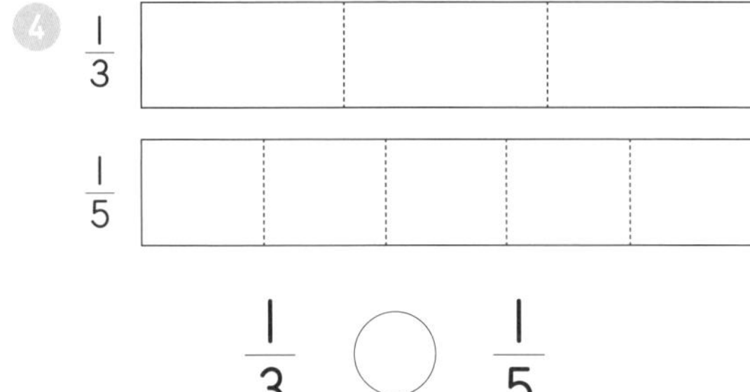

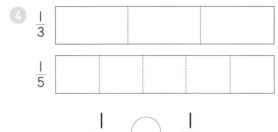

$\frac{1}{3}$ ○ $\frac{1}{5}$

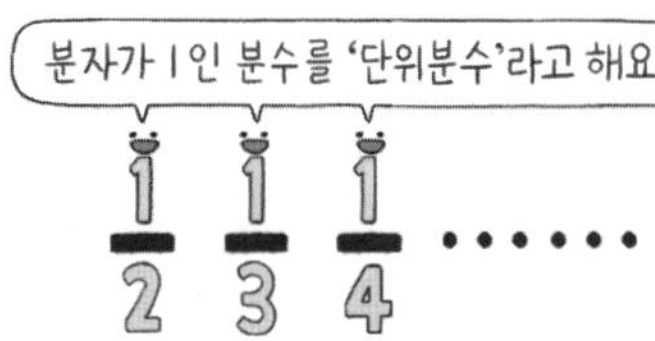

분자가 1인 분수를 '단위분수'라고 해요.

단위분수 $\frac{1}{■}$은 전체를 ■로 나눈 것 중 1로 ■(분모)가 작을수록 더 큰 수예요.

❷

$\frac{1}{4}$

$\frac{1}{3}$

$\frac{1}{4}$ ○ $\frac{1}{3}$

❺

$\frac{1}{4}$

$\frac{1}{5}$

$\frac{1}{4}$ ○ $\frac{1}{5}$

❸

$\frac{1}{6}$

$\frac{1}{3}$

$\frac{1}{6}$ ○ $\frac{1}{3}$

❻

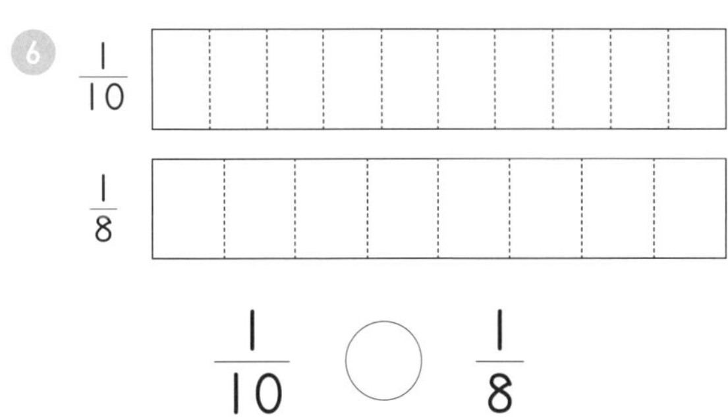

$\frac{1}{10}$ ○ $\frac{1}{8}$

57

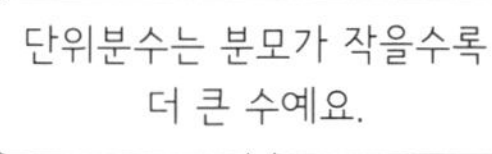
집중 시간
3분

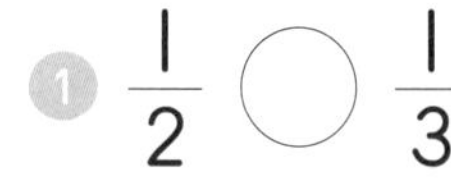

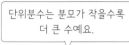

두 분수의 크기를 비교하여 ○ 안에 >, <중 알맞은 것을 써넣으세요.

단위분수는 분모가 작을수록 더 큰 수예요.

1. $\frac{1}{2} \bigcirc \frac{1}{3}$

2. $\frac{1}{8} \bigcirc \frac{1}{10}$

3. $\frac{1}{5} \bigcirc \frac{1}{7}$

4. $\frac{1}{13} \bigcirc \frac{1}{11}$

5. $\frac{1}{9} \bigcirc \frac{1}{6}$

6. $\frac{1}{17} \bigcirc \frac{1}{14}$

7. $\frac{1}{6} \bigcirc \frac{1}{4}$

8. $\frac{1}{12} \bigcirc \frac{1}{15}$

9. $\frac{1}{8} \bigcirc \frac{1}{7}$

10. $\frac{1}{10} \bigcirc \frac{1}{20}$

11. $\frac{1}{13} \bigcirc \frac{1}{12}$

12. $\frac{1}{10} \bigcirc \frac{1}{11}$

58 소수도 전체에 대한 부분을 나타낸 수

집중 시간
3분

색칠한 부분을 소수로 쓰고, 읽어 보세요.

1

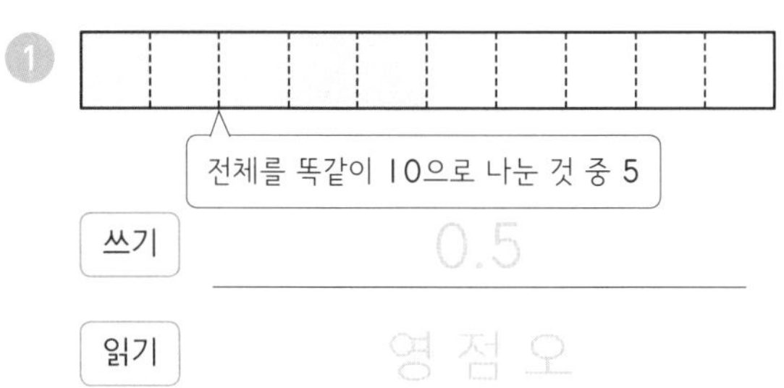
전체를 똑같이 10으로 나눈 것 중 5

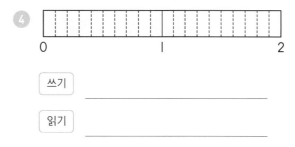

쓰기 0.5

읽기 영 점 오

0.5
영 점 오

2

쓰기

읽기

3

쓰기

읽기

4

0 1 2

쓰기

읽기

5

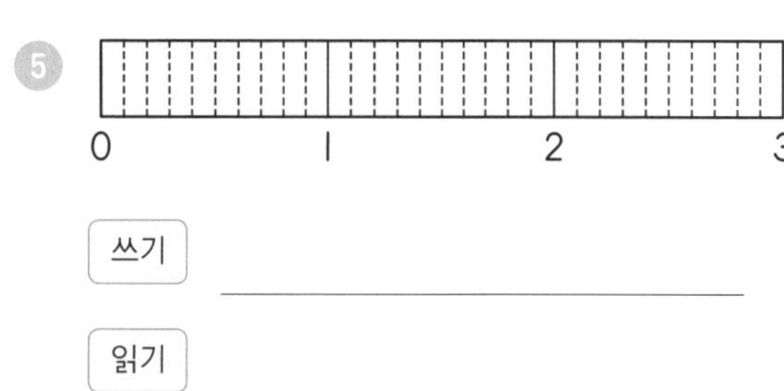
0
1
2
3

쓰기

읽기

6

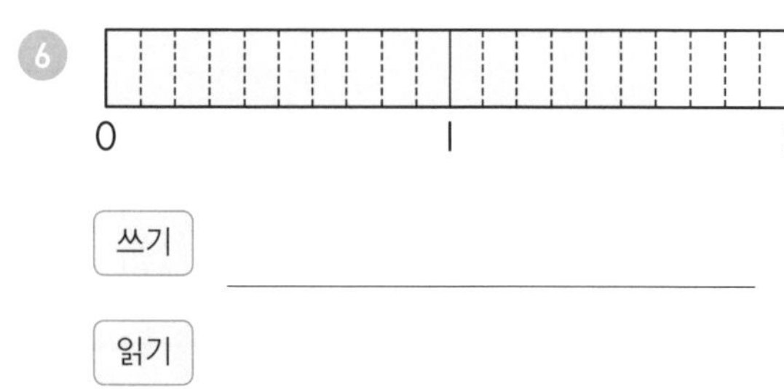
0
1
2

쓰기

읽기

집중 시간 3분

0.1이 ■개 ➡ 0.■
0.1이 ■▲개 ➡ ■.▲
■와 0.▲만큼인 수 ➡ ■.▲

알맞은 소수를 쓰세요.

1. 0.1이 4개인 수

➡ (0.4)

2. 0.1이 7개인 수

➡ (   )

3. 0.1이 21개인 수

➡ (   )

4. 0.1이 14개인 수

➡ (   )

5. 0.1이 40개인 수

➡ (   )

소수의 오른쪽 끝자리 0은 생략할 수 있어요.
4.0=4

6. 1과 0.9만큼인 수

➡ (   )

7. 2와 0.7만큼인 수

➡ (   )

8. 7과 0.1만큼인 수

➡ (   )

9. 3과 0.4만큼인 수

➡ (   )

10. 5와 0.1만큼인 수

➡ (   )

59 소수의 크기를 비교하는 두 가지 방법

집중 시간
3분

두 소수를 수직선에 각각 ↓로 표시하고, ◯ 안에 >, < 중 알맞은 것을 써넣으세요.

＊ 1보다 작은 소수의 크기 비교
— 0.1의 개수가 더 많은 수가 더 커요.

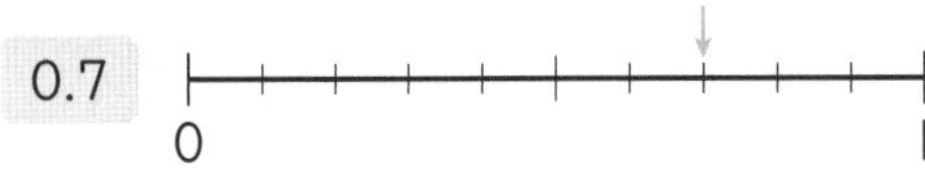
0.7
0
1

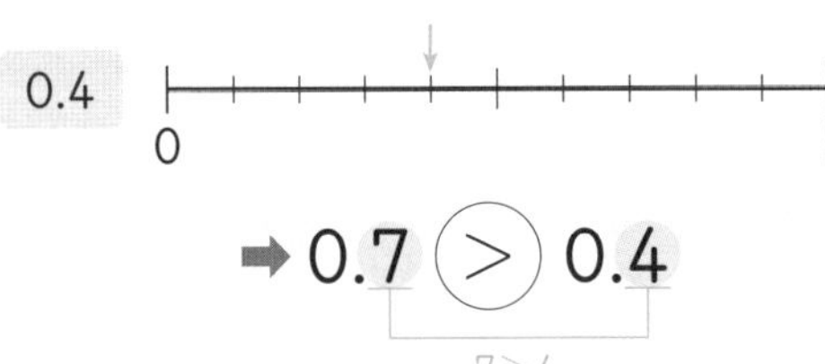
0.4
0
1
➡ 0.7 > 0.4
7>4

＊ 1보다 큰 소수의 크기 비교
— 소수점 왼쪽의 수가 더 큰 수가 더 커요.

2.3
1
2

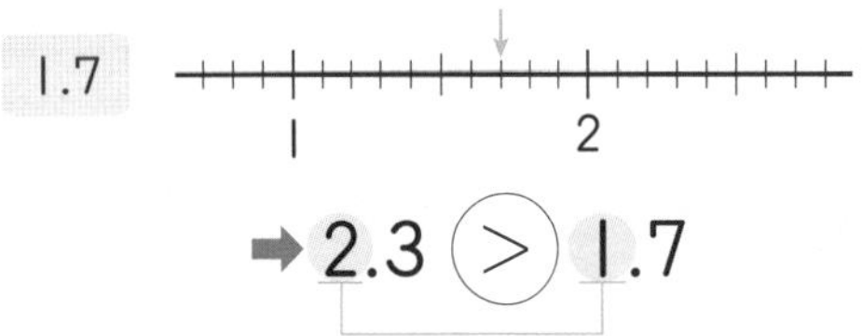
1.7
1
2
➡ 2.3 > 1.7
2>1

① 0.8 (0 ~ 1)
0.6 (0 ~ 1)
➡ 0.8 ◯ 0.6

② 0.3 (0 ~ 1)
0.9 (0 ~ 1)
➡ 0.3 ◯ 0.9

③ 0.7 (0 ~ 1)
0.5 (0 ~ 1)
➡ 0.7 ◯ 0.5

④ 1.1 (0, 1)
0.9 (0, 1)
➡ 1.1 ◯ 0.9

⑤ 3.6 (2, 3)
2.7 (2, 3)
➡ 3.6 ◯ 2.7

⑥ 5.4 (5, 6)
6.5 (5, 6)
➡ 5.4 ◯ 6.5

집중 시간 3분

※ 두 소수의 크기를 비교하여 ○ 안에 >, < 중 알맞은 것을 써넣으세요.

① 0.3 ○ 0.7
0.1이 3개
0.1이 7개
0.1이 몇 개인지 비교하면 쉬워.
⑥ 4.8 ○ 5.7

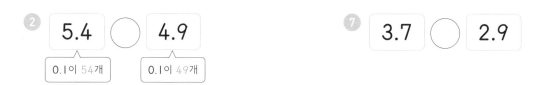

② 5.4 ○ 4.9
0.1이 54개
0.1이 49개
⑦ 3.7 ○ 2.9

③ 2.1 ○ 1.9

⑧ 5.5 ○ 5.2

④ 1.8 ○ 2.9

⑨ 4.3 ○ 4.6

⑤ 3.6 ○ 3.9

⑩ 0.3 ○ 1.1

60 분수를 소수로, 소수를 분수로!

집중 시간 3분

※ 색칠한 부분을 분수와 소수로 나타내세요.

$\frac{■}{10}$=0.▲

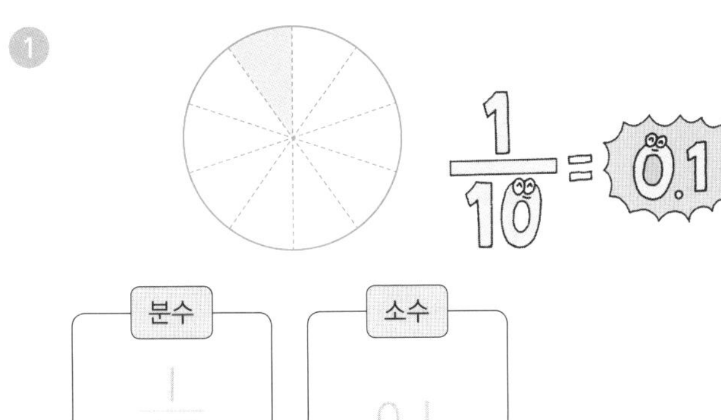

1
$\frac{1}{10}$=0.1
분수
$\frac{1}{10}$
소수
0.1

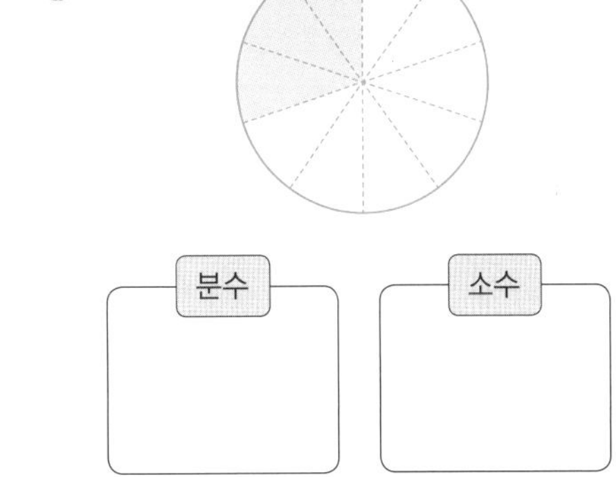

5
분수
소수

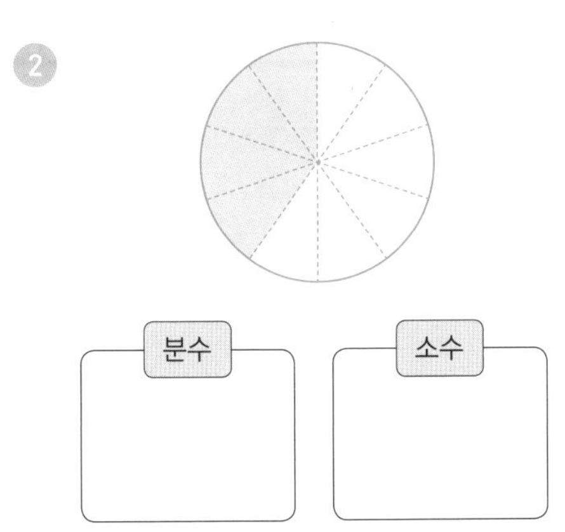

2
분수
소수

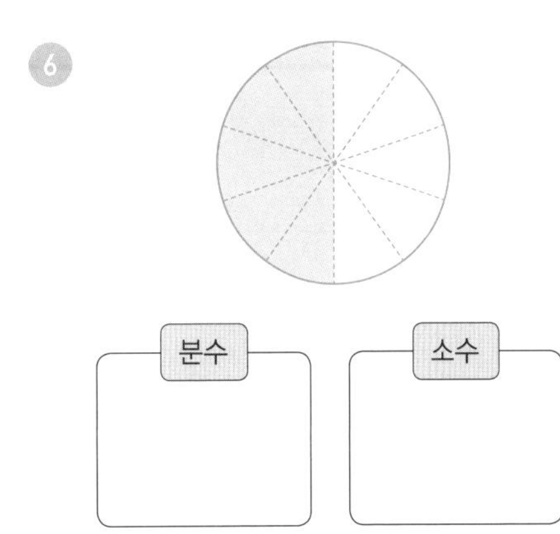

6
분수
소수

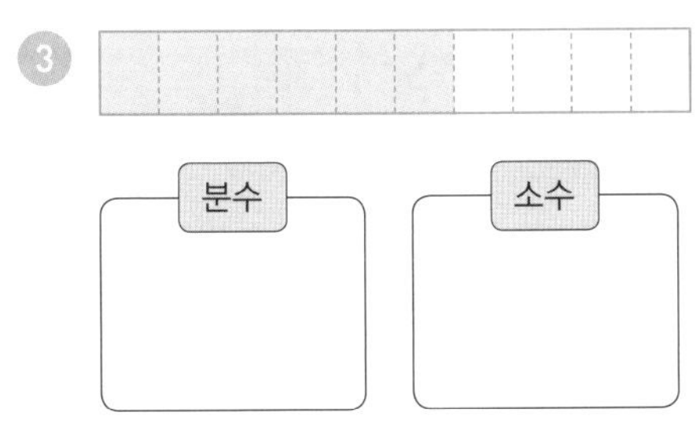

3
분수
소수

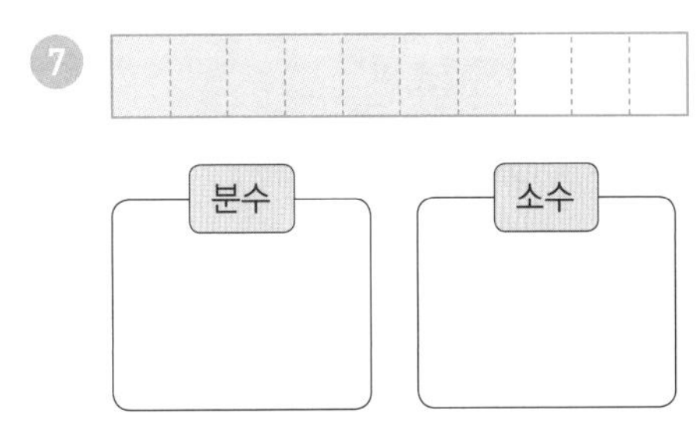

7
분수
소수

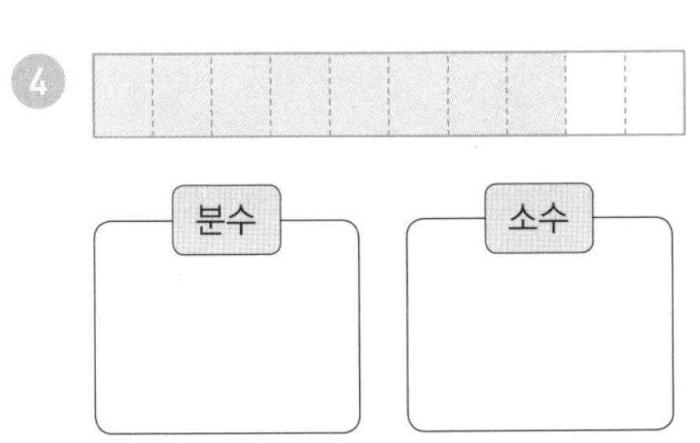

4
분수
소수

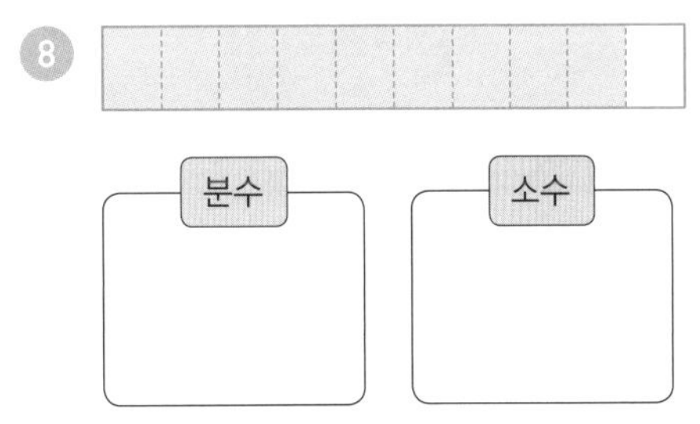

8
분수
소수

집중 시간
4분

※ 작은 수부터 차례로 기호를 쓰세요.

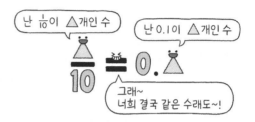

1
㉠ 0.1이 7개인 수
㉡ 0.4
㉢ $\frac{1}{10}$이 6개인 수

➡ □, □, □

난 $\frac{1}{10}$이 △개인 수
난 0.1이 △개인 수
그래~
너희 결국 같은 수래도~!

2
㉠ 0.1이 11개인 수
㉡ 0.9
㉢ $\frac{1}{10}$이 13개인 수

➡ □, □, □

3
㉠ 0.1이 5개인 수
㉡ 0.8
㉢ $\frac{1}{10}$이 9개인 수

➡ □, □, □

4
㉠ 0.1이 13개인 수
㉡ 1.7
㉢ $\frac{1}{10}$이 15개인 수

➡ □, □, □

5
㉠ 0.1이 3개인 수
㉡ 3.1
㉢ $\frac{1}{10}$이 13개인 수

➡ □, □, □

6
㉠ 0.1이 10개인 수
㉡ 1.1
㉢ $\frac{1}{10}$이 7개인 수

➡ □, □, □

7
㉠ 0.1이 2개인 수
㉡ 2.1
㉢ $\frac{1}{10}$이 8개인 수

➡ □, □, □

61 생활 속 연산 – 분수와 소수

집중 시간
4분

그림을 보고 □ 안에 알맞은 분수 또는 소수나 말을 써넣으세요.

1

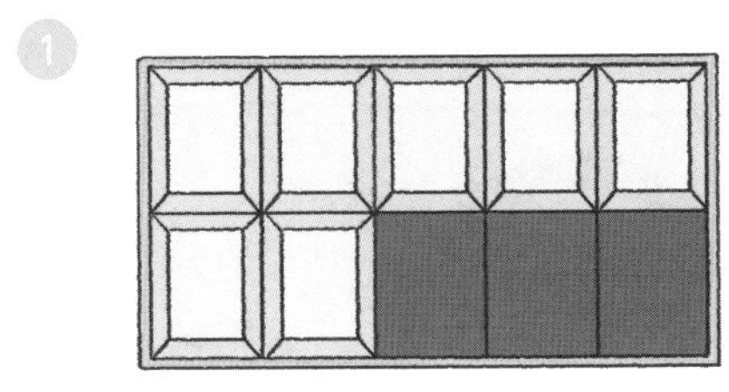

진우는 초콜릿을 똑같이 10조각으로 나누어 그중 3 조각을 먹었습니다. 먹고 남은 초콜릿은 전체의 □만큼입니다.

2

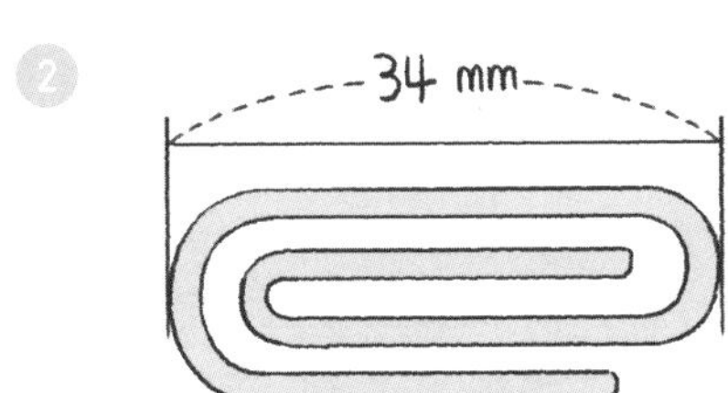
34 mm

종이 집게의 길이를 재었더니 34 mm였습니다.
이 종이 집게는 □ cm입니다.

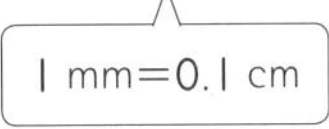
1 mm=0.1 cm

3

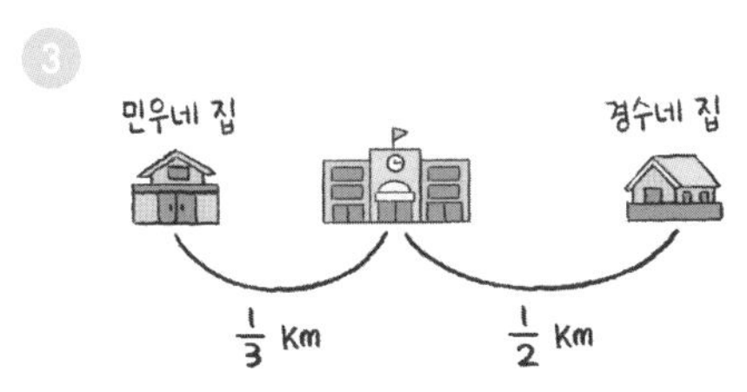
민우네 집
경수네 집
$\frac{1}{3}$ km
$\frac{1}{2}$ km

학교에서 민우네 집까지의 거리는 $\frac{1}{3}$ km이고,
경수네 집까지의 거리는 $\frac{1}{2}$ km입니다.
학교에서 더 먼 곳에 있는 집은 □네 집입니다.

4

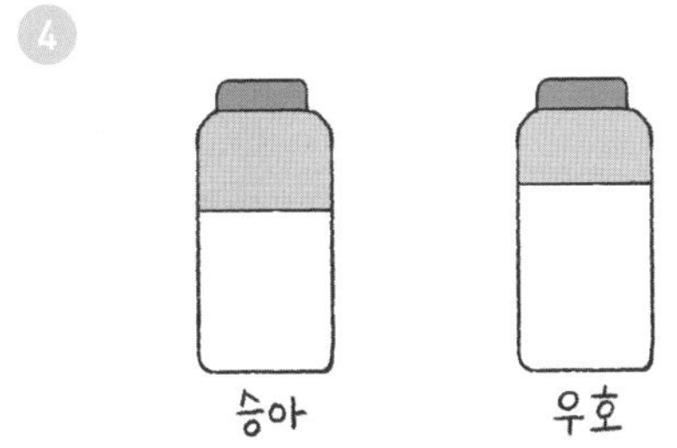
승아
우호

승아와 우호가 똑같은 우유를 한 병씩 사서
승아는 전체의 0.4만큼을,
우호는 전체의 $\frac{3}{10}$만큼을 마셨습니다.
우유를 더 많이 마신 사람은 □입니다.

집중 시간 4분

세 개의 문 중에서 가장 큰 수가 쓰여진 문을 열면 보물을 찾을 수 있습니다. 보물을 숨겨둔 문을 찾아 ○표 하세요.

1

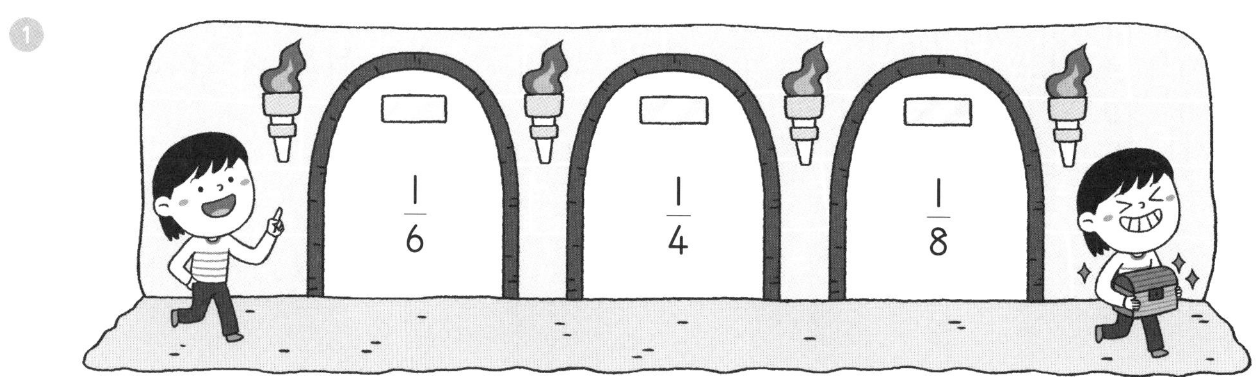
$\frac{1}{6}$
$\frac{1}{4}$
$\frac{1}{8}$

2

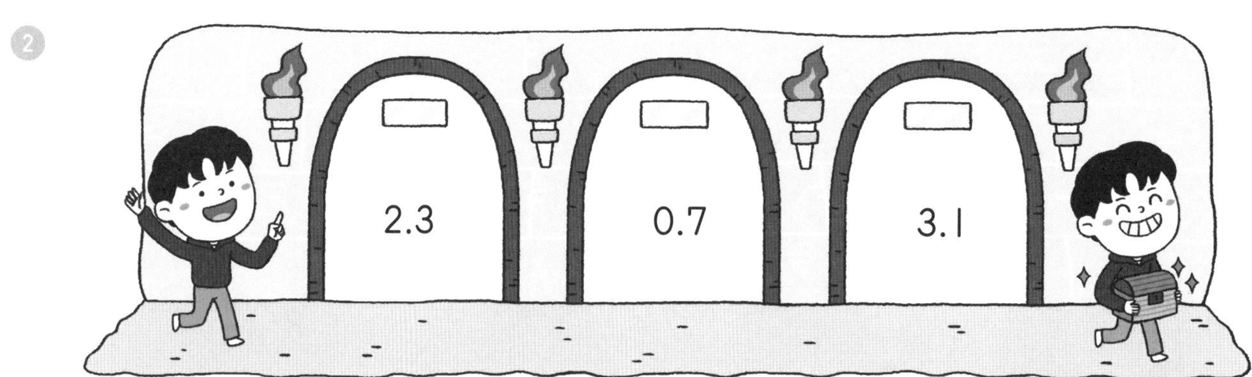
2.3
0.7
3.1

3

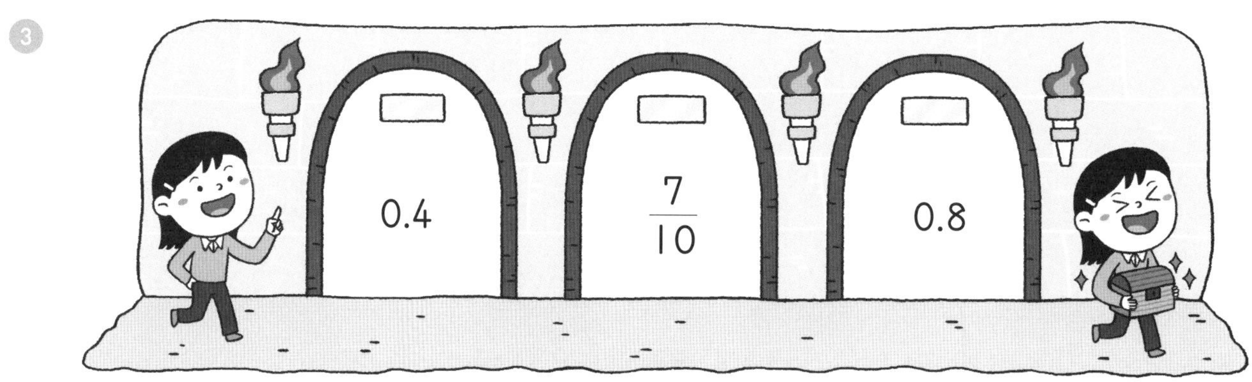
0.4
$\frac{7}{10}$
0.8

끝까지 풀다니!
너 정말 멋지다~

여섯째 마당
통과 문제

*틀린 문제는 꼭 다시 확인하고 넘어가요!

※ □ 안에 알맞은 수 또는 소수를 써넣으세요.

1 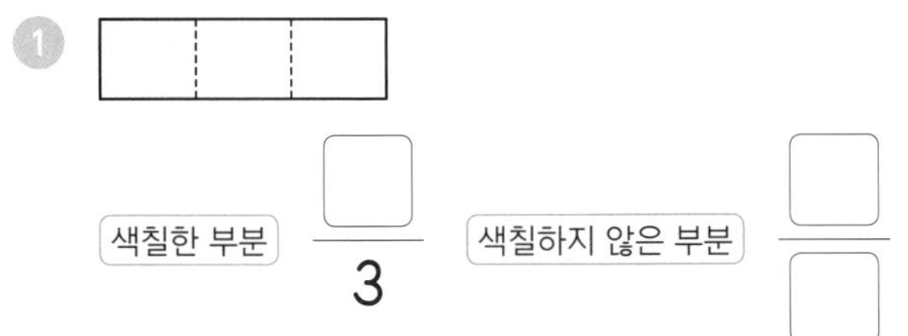

색칠한 부분 $\frac{\square}{3}$ 색칠하지 않은 부분 $\frac{\square}{\square}$

2 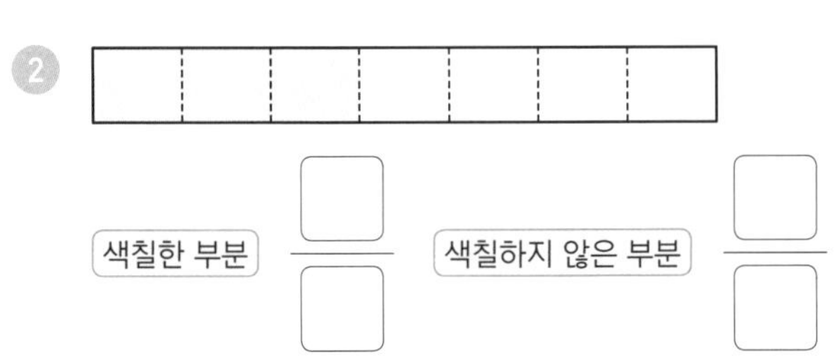

색칠한 부분 $\frac{\square}{\square}$ 색칠하지 않은 부분 $\frac{\square}{\square}$

3 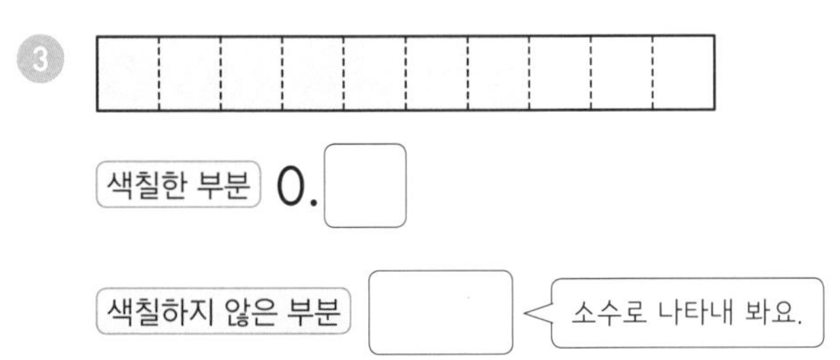

색칠한 부분 0.□

색칠하지 않은 부분 □ < 소수로 나타내 봐요.

4 0.1이 12개인 수 ➡ □

5 
3과 0.5만큼인 수
➡ □

6

$\frac{4}{5}$	$\frac{2}{5}$

더 큰 수: $\frac{\square}{\square}$

7

$\frac{1}{3}$	$\frac{1}{7}$

더 작은 수: $\frac{\square}{\square}$

8

2.5	2.9

더 작은 수: □

9 3.1 2.9 3

- 가장 큰 수: □
- 가장 작은 수: □

10 석호는 초콜릿을 똑같이 10조각으로 나누어 4조각을 먹었습니다. 먹고 남은 초콜렛은 전체의 □만큼입니다.

바빠 시리즈 초·중등 수학 교재 한눈에 보기

유아 · 예비초	1학년	2학년	3학년

7살 첫 수학

초등 입학 준비 첫 수학

7살 첫수학
시계와 달력
초등 교과서 책임교수 강력 추천!

① 100까지의 수
② 20까지 수의 덧셈 뺄셈
③ 100까지 수의 덧셈 뺄셈
★ 시계와 달력
★ 동전과 지폐 세기
★ 길이와 무게 재기

7살 첫수학
길이와 무게 재기

바빠 교과서 연산 | 학교 진도 맞춤 연산

바빠
교과서
연산
1-1

▶ 가장 쉬운 교과 연계용 수학책
▶ 수학 학원 원장님들의 연산 꿀팁 수록!
▶ 한 학기에 필요한 연산만 모아 계산 속도가 빨라진다.

1~6학년 학기별 각 1권 | 전 12권

나 혼자 푼다 바빠 수학 문장제 | 학교 시험 문장제, 서술형 완벽 대비

나 혼자 푼다
바빠
수학 문장제
빈칸을 채우면 풀이는 저절로 완성!
1-1

▶ 빈칸을 채우면 풀이와 답 완성!
▶ 교과서 대표 유형 집중 훈련
▶ 대화식 도움말이 담겨 있어, 혼자 공부하기 좋은 책

1~6학년 학기별 각 1권 | 전 12권

바빠 연산법 | 10일에 완성하는 영역별 연산 총정리

베스트셀러

구구단, 시계와 시간

길이와 시간 계산, 곱

바쁜 초등학생을 위한 빠른 구구단
초등 2학년 BEST 1위

▶ 결손 보강용 영역별 연산 책
▶ 취약한 연산만 집중 훈련
▶ 시간이 절약되는 똑똑한 훈련법!

예비초~6학년 영역별 | 전 26권

바쁜 1·2학년을 위한 빠른 덧셈
바쁜 1·2학년을 위한 빠른 뺄셈
바쁜 초등학생을 위한 빠른 구구단
바쁜 초등학생을 위한 빠른 시계와 시간

바쁜 3·4학년을 위한 빠른 덧셈
바쁜 3·4학년을 위한 빠른 뺄셈
바쁜 초등학생을 위한 빠른 길이와 시간 계산

덜 공부해도
더 빨라져요!

바쁜 친구들이 즐거워지는
빠른 학습법!

4학년	5학년	6학년	중학생

바빠 중학연산

1학기 수학 기초 완성

1~3학년
각 2권
(전 6권)

*교과서 순서와 똑같아 공부하기 좋아요!

바빠 중학도형

2학기 수학 기초 완성

1~3학년
각 1권
(전 3권)

학년별 인기 도서

~셈, 분수, 소수, 방정식 약수와 배수, 분수, 소수 비와 비례, 방정식

바빠 중학수학 총정리

고등수학에서 필요한 것만 콕!

중학
3개년
총정리
(전 1권)

※'바빠 초등 수학 총정리'와 '바빠 중학 일차방정식', '바빠 중학 일차함수', '바빠 중학도형 총정리'도 있어요!

MEMO

초등 수학 공부, 이렇게 하면 효과적!

"펑펑 내려야 눈이 쌓이듯 공부도 집중해야 실력이 쌓인다!"

학교 다닐 때는? 학기별 연산책 '바빠 교과서 연산'

'바빠 교과서 연산'부터 시작하세요. 학기별 진도에 딱 맞춘 쉬운 연산 책이니까요! 방학 동안 다음 학기 선행을 준비할 때도 '바빠 교과서 연산'으로 시작하세요! 교과서 순서대로 빠르게 공부할 수 있어, 첫 번째 수학 책으로 추천합니다.

나 혼자 푼다
바빠
수학 문장제
빈칸을 채우면
풀이는 저절로 완성!
1-1

시험이나 서술형 대비는? '나 혼자 푼다 바빠 수학 문장제'

학교 시험을 대비하고 싶다면 '나 혼자 푼다 수학 문장제'로 공부하세요. 너무 어렵지도 쉽지도 않은 딱 적당한 난이도로, 빈칸을 채우면 풀이 과정이 완성됩니다! 막막하지 않아요~ 요즘 학교 시험 풀이 과정을 손쉽게 연습할 수 있습니다.

바쁜 3·4학년을 위한 빠른 분수

방학 때는? 10일 완성 영역별 연산책 '바빠 연산법'

내가 부족한 영역만 골라 보충할 수 있어요! 예를 들어 4학년인데 나눗셈이 어렵다면 나눗셈만, 분수가 어렵다면 분수만 골라 훈련하세요. 방학 때나 학습 결손이 생겼을 때, 취약한 연산 구멍을 빠르게 메꿀 수 있어요!

바빠 연산 영역 :
덧셈, 뺄셈, 구구단, 시계와 시간, 길이와 시간 계산, 곱셈, 나눗셈, 약수와 배수, 분수, 소수, 자연수의 혼합 계산, 분수와 소수의 혼합 계산, 평면도형 계산, 입체도형 계산, 비와 비례, 방정식, 확률과 통계, 19단

바빠 시리즈 초등 학년별 추천 도서

학년	학기별 연산책 바빠 교과서 연산 학기 중, 선행용으로 추천!	나 혼자 푼다 바빠 수학 문장제 학교 시험 서술형 완벽 대비!
1학년	· 바빠 교과서 연산 1-1 · 바빠 교과서 연산 1-2	· 나 혼자 푼다 바빠 수학 문장제 1-1 · 나 혼자 푼다 바빠 수학 문장제 1-2
2학년	· 바빠 교과서 연산 2-1 · 바빠 교과서 연산 2-2	· 나 혼자 푼다 바빠 수학 문장제 2-1 · 나 혼자 푼다 바빠 수학 문장제 2-2
3학년	· 바빠 교과서 연산 3-1 · 바빠 교과서 연산 3-2	· 나 혼자 푼다 바빠 수학 문장제 3-1 · 나 혼자 푼다 바빠 수학 문장제 3-2
4학년	· 바빠 교과서 연산 4-1 · 바빠 교과서 연산 4-2	· 나 혼자 푼다 바빠 수학 문장제 4-1 · 나 혼자 푼다 바빠 수학 문장제 4-2
5학년	· 바빠 교과서 연산 5-1 · 바빠 교과서 연산 5-2	· 나 혼자 푼다 바빠 수학 문장제 5-1 · 나 혼자 푼다 바빠 수학 문장제 5-2
6학년	· 바빠 교과서 연산 6-1 · 바빠 교과서 연산 6-2	· 나 혼자 푼다 바빠 수학 문장제 6-1 · 나 혼자 푼다 바빠 수학 문장제 6-2

'바빠 교과서 연산'과
'나 혼자 문장제'를
함께 풀면
한 학기 수학 완성!
이번 학기 공부 습관을 만드는 첫 연산 책!
바빠 교과서 연산 2-1
"우리 아이가 끝까지 푼 책은 이 책이 처음이에요."
작은 발걸음 방식 문제 배치, 전문가의 연산 꿀팁 가득!
이지스에듀
나 혼자 푼다 바빠 수학 문장제
빈칸을 채우면 풀이는 저절로 완성!
새로 바뀐 1학기 교과서에 맞추어 주관식부터 서술형까지 해결!
2-1
1-1
이지스에듀

이번 학기 공부 습관을 만드는 첫 연산 책!

새 교육과정 반영

바빠 교과서 연산 3-1

바쁜 친구들이 즐거워지는
빠른 학습법

정답 및 풀이

이지스에듀

이번 학기
공부 습관을 만드는
첫 연산 책!

01 세 자리 수의 덧셈도 같은 자리 수끼리 더하자

집중 시간 2분

덧셈을 하세요.

자리 수가 늘어나도 더하는 방법은 똑같아요.
같은 자리 수끼리 맞추어 일→십→백의 자리 순으로 더해요.

(백)(십)(일)

❶ 123 + 235 = 358
❷ 150 + 320 = 470
❸ 270 + 327 = 597
❹ 106 + 762 = 868
❺ 312 + 263 = 575
❻ 532 + 154 = 686
❼ 643 + 226 = 869
❽ 213 + 742 = 955
❾ 452 + 201 = 653
❿ 542 + 437 = 979
⓫ 615 + 372 = 987
⓬ 839 + 130 = 969

01

집중 시간 2분

덧셈을 하세요.

❶ 235+141=376

일의 자리 수끼리, 십의 자리 수끼리, 백의 자리 수끼리 더해요.

❷ 290+102=392

일의 자리부터 계산하는 습관을 들여야 좋아요.

❸ 427+162=589
❹ 735+143=878
❺ 234+262=496
❻ 664+324=988
❼ 176+123=299
❽ 352+326=678
❾ 314+253=567
❿ 455+331=786
⓫ 810+173=983
⓬ 642+135=777

02 일의 자리에서 받아올림한 수는 십의 자리로!

덧셈을 하세요.

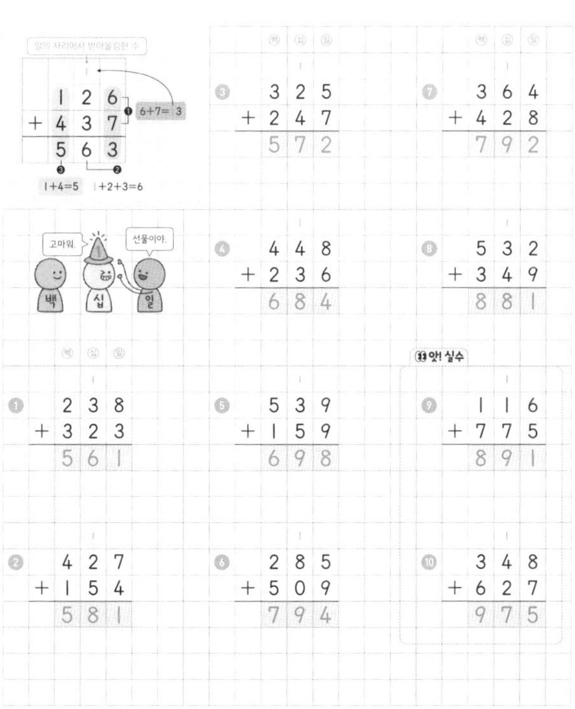
일의 자리에서 받아올림한 수
126 + 437 = 563
6+7=13
1+4=5
1+2+3=6
고마워.
선물이야.
백
십
일

❶ 238 + 323 = 561
❷ 427 + 154 = 581
❸ 325 + 247 = 572
❹ 448 + 236 = 684
❺ 539 + 159 = 698
❻ 285 + 509 = 794
❼ 364 + 428 = 792
❽ 532 + 349 = 881

앗! 실수

❾ 116 + 775 = 891
❿ 348 + 627 = 975

02

덧셈을 하세요.

자리 수가 많아져도 계산을 두려워하지 말아요!
한 자리 수의 덧셈을 세 번 하는 것과 같아요!

❶ 142 + 218 = 360
❷ 354 + 427 = 781
❸ 437 + 256 = 693
❹ 723 + 169 = 892
❺ 247 + 523 = 770
❻ 238 + 317 = 555
❼ 429 + 539 = 968
❽ 518 + 375 = 893
❾ 368 + 229 = 597
❿ 836 + 145 = 981
⓫ 748 + 246 = 994
⓬ 409 + 467 = 876

많은 친구들이 어려워하는 받아올림이 있는 문제예요. 화이팅!

03 받아올림한 수는 꼭 십의 자리에서 더해

세로셈으로 나타내고, 덧셈을 하세요.

① 314+218 → 532
② 229+147 → 376
③ 352+208 → 560
④ 524+237 → 761
⑤ 517+236 → 753
⑥ 435+128 → 563
⑦ 468+327 → 795
⑧ 654+217 → 871
⑨ 248+532 → 780
⑩ 606+275 → 881
⑪ 739+253 → 992
⑫ 556+418 → 974

03

덧셈을 하세요.

119+121=240

❶ 9+1=10
❷ 1+1+2=4
❸ 1+1=2

가로셈도 받아올림을 표시해 풀면 어렵지 않아요!

① 234+148=382
② 127+526=653
③ 427+139=566
④ 214+437=651
⑤ 349+438=787
⑥ 263+717=980
⑦ 509+216=725
⑧ 423+569=992
⑨ 472+308=780
⑩ 654+127=781

일의 자리에서 받아올림한 수는 십의 자리로!

백 십 일

04 십의 자리에서 받아올림한 수는 백의 자리로!

덧셈을 하세요.

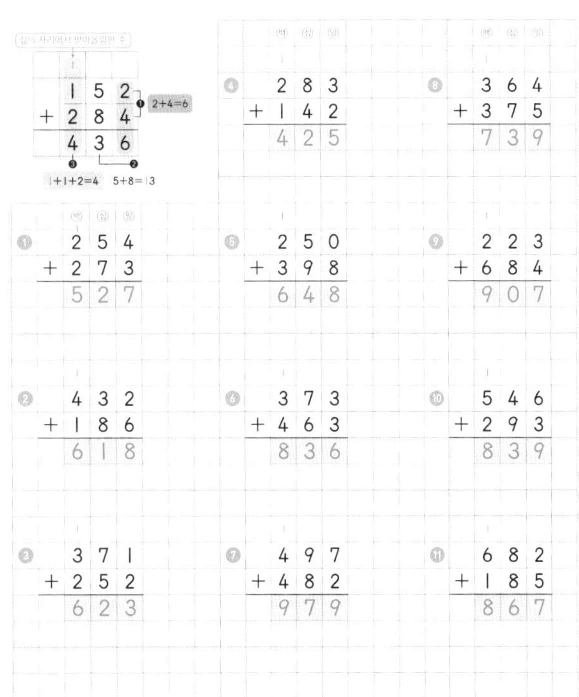

152+284=436 (❶ 2+4=6, ❷ 5+8=13, ❸ 1+1+2=4)

① 254+273=527
② 432+186=618
③ 371+252=623
④ 283+142=425
⑤ 250+398=648
⑥ 373+463=836
⑦ 497+482=979
⑧ 364+375=739
⑨ 223+684=907
⑩ 546+293=839
⑪ 682+185=867

04

덧셈을 하세요.

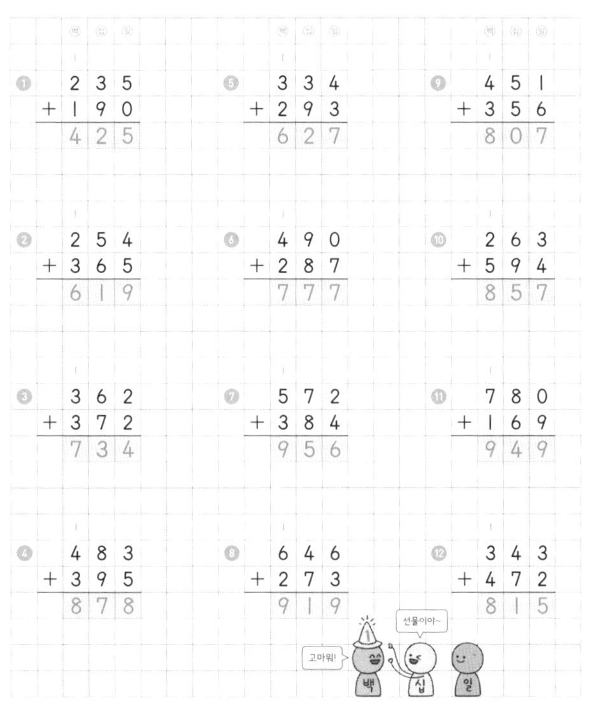

① 235+190=425
② 254+365=619
③ 362+372=734
④ 483+395=878
⑤ 334+293=627
⑥ 490+287=777
⑦ 572+384=956
⑧ 646+273=919
⑨ 451+356=807
⑩ 263+594=857
⑪ 780+169=949
⑫ 343+472=815

고마워!
선물이야~
백
십
일

19~20쪽

05 받아올림한 수는 꼭 백의 자리에서 더해

※ 세로셈으로 나타내고, 덧셈을 하세요.

❶ 342+263 → 342+263=605

❷ 275+441 → 275+441=716

❸ 437+192 → 437+192=629

❹ 693+145 → 693+145=838

❺ 352+375 → 352+375=727

❻ 562+164 → 562+164=726

❼ 541+382 → 541+382=923

❽ 686+273 → 686+273=959

❾ 453+251 → 453+251=704

❿ 465+353 → 465+353=818

⓫ 276+692 → 276+692=968

⓬ 764+174 → 764+174=938

모눈에 각 자리 수끼리 맞추어 쓰면 계산이 쉬워져요.

05

※ 덧셈을 하세요.

175+132=307

❶ 5+2=7
❷ 7+3=10
❸ 1+1+1=3

❶ 213+192=405

❷ 172+265=437

❸ 453+183=636

❹ 384+272=656

❺ 362+486=848

❻ 536+282=818

❼ 569+170=739

❽ 195+661=856

❾ 296+542=838

❿ 485+394=879

십의 자리에서 받아올림한 수는 백의 자리로!
백 십 일

21~22쪽

06 받아올림이 두 번 있는 덧셈

※ 덧셈을 하세요.

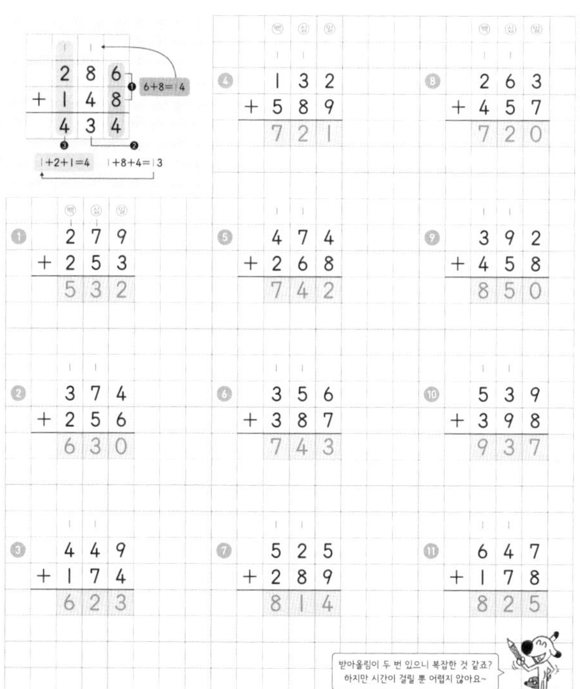

286+148=434

❶ 6+8=14
❷ 1+8+4=13
❸ 1+2+1=4

❶ 279+253=532

❷ 374+256=630

❸ 449+174=623

❹ 132+589=721

❺ 474+268=742

❻ 356+387=743

❼ 525+289=814

❽ 263+457=720

❾ 392+458=850

❿ 539+398=937

⓫ 647+178=825

받아올림이 두 번 있으니 복잡한 것 같죠? 하지만 시간이 걸릴 뿐 어렵지 않아요~

※ 덧셈을 하세요.

❶ 253+179=432

❷ 168+345=513

❸ 295+326=621

❹ 497+239=736

❺ 348+297=645

❻ 254+467=721

❼ 481+339=820

❽ 298+568=866

❾ 477+166=643

❿ 546+375=921

⓫ 439+462=901

⓬ 685+237=922

내가 먼저 줄게~
고마워.
이젠 내 차례!
백 십 일

23~24쪽

07 받아올림이 두 번 있는 덧셈 집중 연습

※ 덧셈을 하세요.

① 373+158=531
② 395+216=611
③ 289+427=716
④ 138+295=433
⑤ 243+387=630
⑥ 145+679=824
⑦ 352+489=841
⑧ 568+234=802
⑨ 437+476=913
⑩ 679+251=930
⑪ 357+247=604
⑫ 438+378=816
⑬ 699+299=998

받아올림을 표시하고 계산해야 실수를 줄일 수 있어요.

백의 자리 / 십의 자리 / 일의 자리

07

※ 덧셈을 하세요.

293+129=422
❶ 3+9=12
❷ 1+9+2=12
❸ 1+2+1=4

① 186+337=523
② 278+265=543
③ 389+428=817
④ 594+336=930
⑤ 777+145=922

앗! 실수

⑥ 407+296=703
⑦ 227+678=905
⑧ 348+472=820
⑨ 475+299=774

* 계산이 빨라지는 신기한 비법

475+299
=475+300−1
=775−1
=774

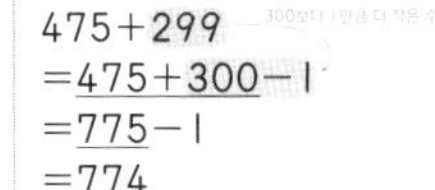

(세 자리 수)+(몇백에 가까운 수)는 몇백에 가까운 수를 몇백과 몇으로 나누어 계산하면 편리해요.

25~26쪽

08 받아올림이 세 번 있는 덧셈

※ 덧셈을 하세요.

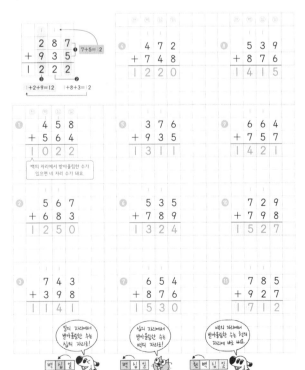

287+935=1222
❶ 7+5=12
❷ 1+8+3=12
❸ 1+2+9=12

① 458+564=1022

백의 자리에서 받아올림한 수가 있으면 네 자리 수가 돼요.

② 567+683=1250
③ 743+398=1141
④ 472+748=1220
⑤ 376+935=1311
⑥ 535+789=1324
⑦ 654+876=1530
⑧ 539+876=1415
⑨ 664+757=1421
⑩ 729+798=1527
⑪ 785+927=1712

일의 자리에서 받아올림한 수는 십의 자리로!

십의 자리에서 받아올림한 수는 백의 자리로!

백의 자리에서 받아올림한 수는 천의 자리에 바로 써요.

08

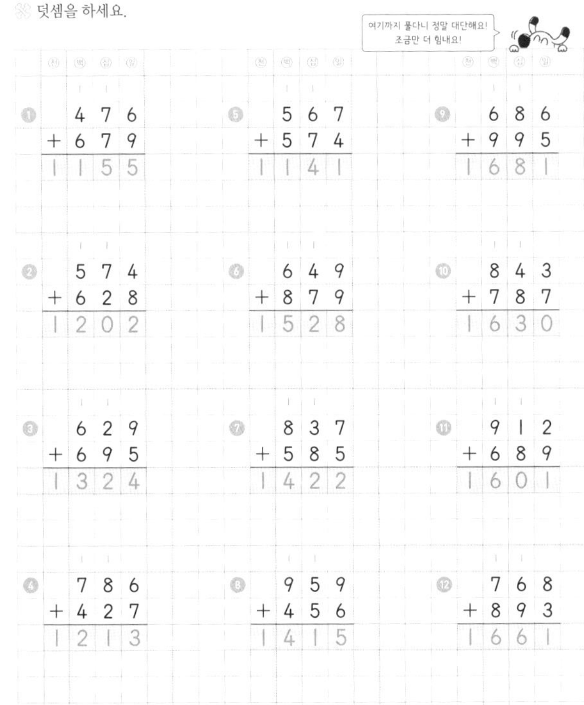

여기까지 풀다니 정말 대단해요! 조금만 더 힘내요!

※ 덧셈을 하세요.

① 476+679=1155
② 574+628=1202
③ 629+695=1324
④ 786+427=1213
⑤ 567+574=1141
⑥ 649+879=1528
⑦ 837+585=1422
⑧ 959+456=1415
⑨ 686+995=1681
⑩ 843+787=1630
⑪ 912+689=1601
⑫ 768+893=1661

27~28쪽

09 받아올림이 세 번 있는 덧셈은 어려우니 한 번 더!

집중 시간 4분

덧셈을 하세요.

❶ 389+721=1110
❷ 534+796=1330
❸ 436+968=1404
❹ 687+759=1446
❺ 554+987=1541
❻ 468+857=1325
❼ 645+586=1231
❽ 762+978=1740
❾ 767+598=1365
❿ 669+435=1104
⓫ 415+587=1002
⓬ 374+629=1003

앗! 실수

십의 자리와 백의 자리에 모두 받아올림이 있어요. 조심해요!

09

덧셈을 하세요.

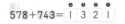

578+743=1321

❶ 8+3=11
❷ 1+7+4=12
❸ 1+5+7=13

백의 자리에서 받아올림한 수는 바로 천의 자리에 써요.

❶ 639+493=1132
❷ 786+527=1313
❸ 419+897=1316
❹ 954+698=1652
❺ 886+697=1583
❻ 437+865=1302
❼ 248+972=1220
❽ 789+211=1000
❾ 379+686=1065

짠!
주면
주고
주고

29~30쪽

10 받아올림한 수를 잊지 말고 더하자

집중 시간 5분

세로셈으로 나타내고, 덧셈을 하세요.

❶ 124+198=322
❷ 245+256=501
❸ 347+897=1244
❹ 489+625=1114
❺ 567+758=1325
❻ 268+554=822
❼ 734+586=1320
❽ 721+199=920
❾ 239+284=523
❿ 894+587=1481
⓫ 754+196=950
⓬ 887+824=1711

10

덧셈을 하세요. 세로셈으로 바꾸어 풀면 실수를 줄일 수 있어요.

❶ 583+847=1430
❷ 791+679=1470
❸ 357+487=844
❹ 836+668=1504
❺ 624+278=902
❻ 219+483=702
❼ 769+987=1756
❽ 799+191=990
❾ 928+974=1902
❿ 239+692=931
⓫ 618+985=1603

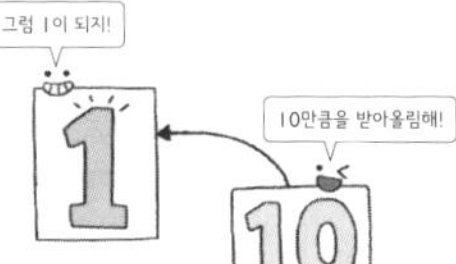

그럼 1이 되지!
10만큼을 받아올림해!

31~32쪽

11 생활 속 연산 – 덧셈

※ 그림을 보고 □ 안에 알맞은 수를 써넣으세요.

음식에 들어 있는 에너지를 말해요. 이 에너지로 운동을 하고 체온도 일정하게 유지해요.

❶ 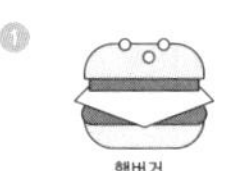  

햄버거 248킬로칼로리, 감자튀김 447킬로칼로리

햄버거 열량은 248킬로칼로리, 감자튀김은 447킬로칼로리입니다. 햄버거와 감자튀김의 열량을 더하면 [695] 킬로칼로리입니다.

*킬로칼로리는 열량을 나타내는 단위로 'kcal'라고 써요.

❷ 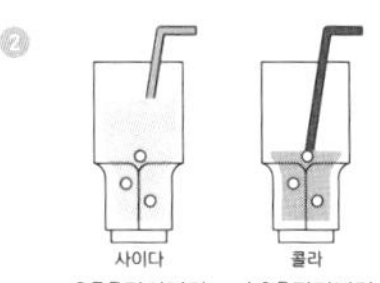

사이다 355밀리리터, 콜라 185밀리리터

사이다 355밀리리터와 콜라 185밀리리터가 있습니다. 사이다와 콜라는 모두 [540] 밀리리터입니다.

*밀리리터는 액체의 부피를 나타내는 단위로 'mL'라고 써요.

❸ 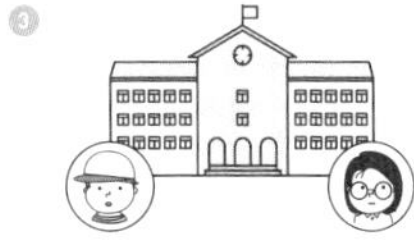

주원이네 학교 3학년 남학생은 157명이고, 여학생은 165명입니다. 주원이네 학교 3학년 전체 학생은 [322] 명입니다.

❹ 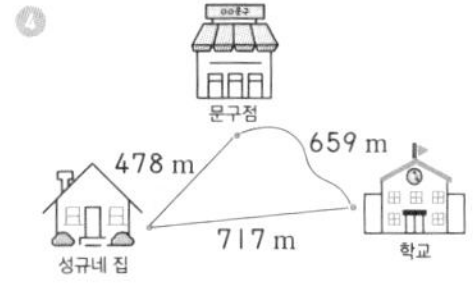

문구점
478 m
659 m
717 m
성규네 집
학교

성규네 집에서 문구점을 지나 학교까지의 거리는 [1137] m입니다.

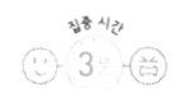

11 꿀꺽! 연산 간식

※ 이수네 학교에서 체육대회를 하고 있습니다. 지금까지 획득한 점수가 더 높은 팀은 어느 팀일까요?

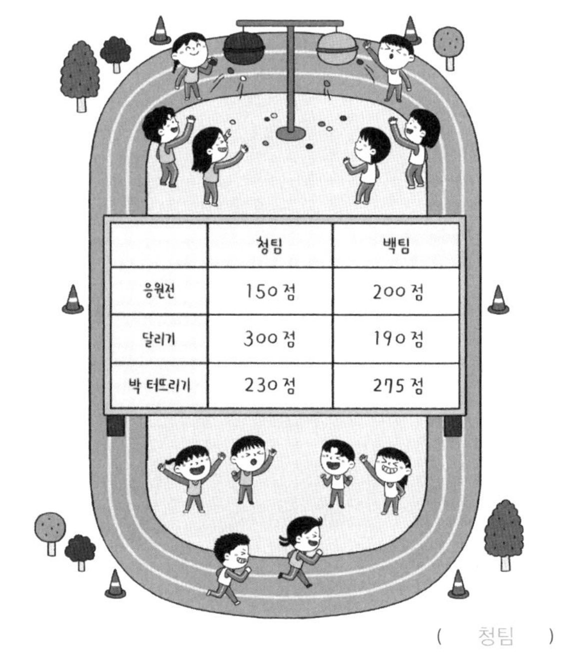

	청팀	백팀
응원전	150점	200점
달리기	300점	190점
박 터뜨리기	230점	275점

(청팀)

33쪽

첫째 마당 통과 문제

★틀린 문제는 꼭 다시 확인하고 넘어가요!

※ □ 안에 알맞은 수를 써넣으세요.

1차시 ❶ $129 + 240 = $ [369]

1차시 ❷ $512 + 245 = $ [757]

2차시 ❸ $149 + 224 = $ [373]

2차시 ❹ $417 + 309 = $ [726]

4차시 ❺ $353 + 296 = $ [649]

8차시 ❻ $504 + 498 = $ [1002]

6차시 ❼ $157 + 649 = $ [806]

8차시 ❽ $678 + 496 = $ [1174]

1차시 ❾ 610+154= [764]

1차시 ❿ 219+370= [589]

3차시 ⓫ 548+329= [877]

9차시 ⓬ 489+625= [1114]

9차시 ⓭ 248+972= [1220]

9차시 ⓮ 379+686= [1065]

11차시 ⓯ 문구점에 가위가 123개, 풀이 276개 있습니다. 문구점에 있는 가위와 풀은 모두 [399] 개입니다.

첫째 마당 정복!
둘째 마당으로 가 보자고

37~38쪽

12 세 자리 수의 뺄셈도 같은 자리 수끼리 빼자

집중 시간 2분

뺄셈을 하세요.

① 275 − 123 = 152
② 357 − 140 = 217
③ 778 − 403 = 375
④ 654 − 430 = 224
⑤ 398 − 276 = 122
⑥ 453 − 312 = 141
⑦ 586 − 274 = 312
⑧ 749 − 341 = 408
⑨ 459 − 228 = 231
⑩ 726 − 515 = 211
⑪ 675 − 335 = 340
⑫ 828 − 504 = 324

12

집중 시간 2분

뺄셈을 하세요.

① 357 − 145 = 212

가로셈도 일의 자리부터 차례대로 같은 자리 수끼리 계산해 봐요!

② 248 − 130 = 118
③ 572 − 241 = 331
④ 674 − 472 = 202
⑤ 705 − 405 = 300
⑥ 738 − 317 = 421
⑦ 498 − 224 = 274
⑧ 629 − 303 = 326
⑨ 586 − 113 = 473
⑩ 758 − 311 = 447
⑪ 887 − 252 = 635
⑫ 979 − 423 = 556

39~40쪽

13 뺄 수 없으면 십의 자리에서 받아내림하자

집중 시간 3분

뺄셈을 하세요.

275 − 148 = 127 (십의 자리에서 받아내림한 수: 6, 10)
❶ 10+5−8=7 ❷ 6−4=2 ❸ 2−1=1

① 361 − 137 = 224
② 574 − 228 = 346
③ 662 − 325 = 337
④ 544 − 419 = 125
⑤ 783 − 536 = 247
⑥ 892 − 323 = 569
⑦ 765 − 349 = 416
⑧ 653 − 429 = 224
⑨ 947 − 528 = 419
⑩ 835 − 217 = 618 (앗! 실수: 일의 자리로 받아내림한 수만큼을 빼고 계산해요.)
⑪ 983 − 439 = 544

13

집중 시간 3분

뺄셈을 하세요. (십의 자리에서 일의 자리로 받아내림하면 십의 자리 수가 1만큼 작아진다는 것을 잊지 말아요!)

① 452 − 236 = 216
② 334 − 215 = 119
③ 647 − 239 = 408
④ 781 − 453 = 328
⑤ 665 − 519 = 146
⑥ 853 − 446 = 407
⑦ 768 − 239 = 529
⑧ 984 − 315 = 669
⑨ 876 − 728 = 148
⑩ 891 − 684 = 207
⑪ 782 − 443 = 339

* 계산이 빨라지는 신기한 비법!

782 − 443 = 9 (3−2=1)

방향으로 일의 자리 두 수를 뺀 값을 10에서 빼면 답은 9!

41~42쪽

14 받아내림하면 십의 자리 숫자는 1 작아져!

집중 시간 4분

※ 세로셈으로 나타내고, 뺄셈을 하세요.

❶ 324−116 = 208

❷ 450−313 = 137

❸ 242−125 = 117

❹ 571−342 = 229

❺ 470−125 = 345

❻ 528−419 = 109

❼ 933−716 = 217

❽ 765−538 = 227

❾ 785−426 = 359

❿ 837−529 = 308

⓫ 986−438 = 548

모눈에 각 자리 수끼리 잘 맞추어 써야 해요.

자, 줄게 더해서 써.
10
백
십
일

14

집중 시간 4분

※ 뺄셈을 하세요.

336−218 = 118

❶ 10+6−8=8
❷ 2−1=1
❸ 3−2=1

받아내림한 10에서 8을 먼저 뺀 다음 남은 6을 더해도 돼요. 10−8+6=8

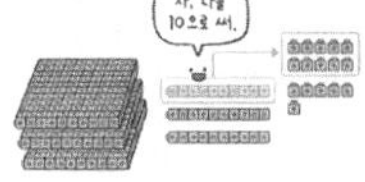
자, 나를 10으로 써.

❶ 684−207=477

❷ 592−339=253

❸ 724−118=606

❹ 975−446=529

❺ 694−386=308

❻ 786−327=459

❼ 892−438=454

❽ 953−234=719

앗! 실수

❾ 791−237=554

❿ 827−609=218

43~44쪽

15 뺄 수 없으면 백의 자리에서 받아내림하자

집중 시간 3분

※ 뺄셈을 하세요.

435−262 = 173

백의 자리에서 받아내림한 수

❶ 5−2=3
❷ 10+3−6=7
❸ 3−2=1

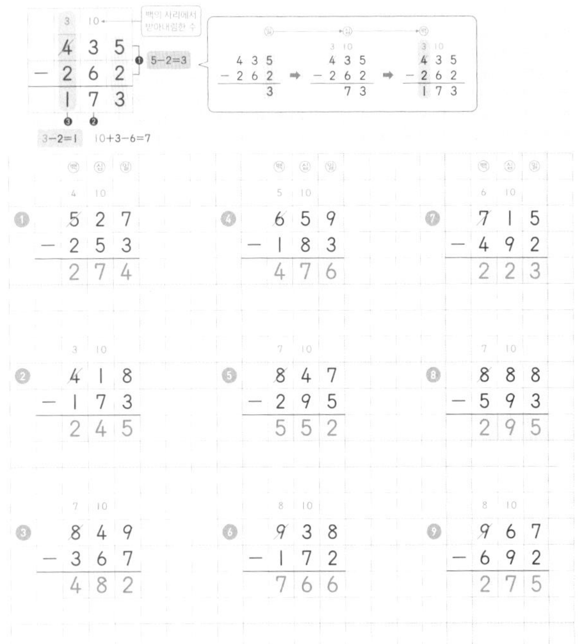

❶ 527−253 = 274

❷ 418−173 = 245

❸ 849−367 = 482

❹ 659−183 = 476

❺ 847−295 = 552

❻ 938−172 = 766

❼ 715−492 = 223

❽ 888−593 = 295

❾ 967−692 = 275

15

집중 시간 3분

※ 뺄셈을 하세요.

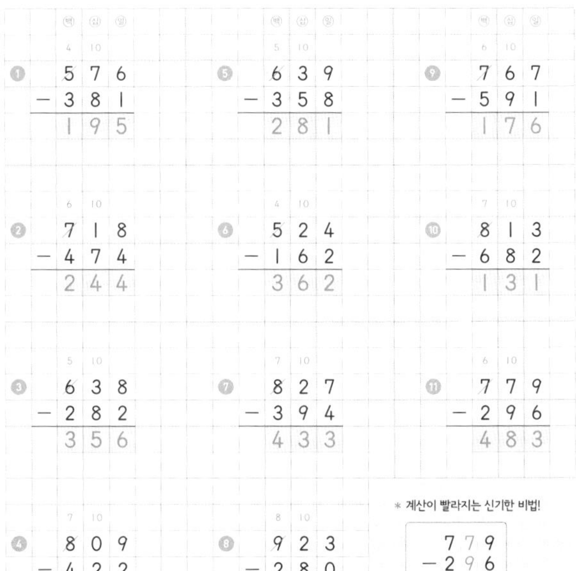

❶ 576−381 = 195

❷ 718−474 = 244

❸ 638−282 = 356

❹ 809−422 = 387

❺ 639−358 = 281

❻ 524−162 = 362

❼ 827−394 = 433

❽ 923−280 = 643

❾ 767−591 = 176

❿ 813−682 = 131

⓫ 779−296 = 483

* 계산이 빨라지는 신기한 비법!

779−296 = 83

7−9처럼 빼지는 수(7)가 빼는 수(9)보다 더 작을 때, 두 수의 차가 2이면 답은 10에서 2를 뺀 8이 돼요.

45~46쪽

16 받아내림하면 백의 자리 숫자는 1 작아져!

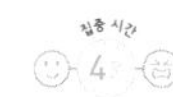
집중 시간
4

세로셈으로 나타내고, 뺄셈을 하세요.

① 337−152

(2 10)
  3 3 7
− 1 5 2
  1 8 5

② 457−195

(3 10)
  4 5 7
− 1 9 5
  2 6 2

③ 842−581

(7 10)
  8 4 2
− 5 8 1
  2 6 1

④ 645−371

(5 10)
  6 4 5
− 3 7 1
  2 7 4

⑤ 514−292

(4 10)
  5 1 4
− 2 9 2
  2 2 2

⑥ 718−323

(6 10)
  7 1 8
− 3 2 3
  3 9 5

⑦ 824−572

(7 10)
  8 2 4
− 5 7 2
  2 5 2

⑧ 926−484

(8 10)
  9 2 6
− 4 8 4
  4 4 2

⑨ 715−462

(6 10)
  7 1 5
− 4 6 2
  2 5 3

⑩ 952−760

(8 10)
  9 5 2
− 7 6 0
  1 9 2

⑪ 737−164

(6 10)
  7 3 7
− 1 6 4
  5 7 3

⑫ 829−248

(7 10)
  8 2 9
− 2 4 8
  5 8 1

16

집중 시간 4

뺄셈을 하세요.

(3 10)
425−283 = 1 4 2 (❸ ❷ ❶)

❶ 5−3=2
❷ 10+2−8=4
❸ 3−2=1

자, 줄게.
더해서 써.
10
백
십

일

① (5 10) 6 7 8−4 9 5=183

② (6 10) 7 6 5−5 9 3=172

③ (7 10) 8 6 7−3 9 3=474

④ (5 10) 6 3 4−1 9 1=443

⑤ (6 10) 7 1 8−4 2 2=296

⑥ (7 10) 8 6 5−4 7 1=394

⑦ (6 10) 7 0 8−2 7 1=437

⑧ (8 10) 9 2 7−1 5 3=774

앗! 실수

⑨ (8 10) 9 4 6−3 8 0=566

⑩ (7 10) 8 2 7−6 7 2=155

47~48쪽

17 받아내림이 한 번 있는 뺄셈 집중 연습

집중 시간
3

뺄셈을 하세요.

① (5 10)
  7 6 3
− 1 2 9
  6 3 4

② (4 10)
  5 1 5
− 2 6 2
  2 5 3

③ (7 10)
  4 8 2
− 1 3 5
  3 4 7

④ (5 10)
  6 8 7
− 3 9 4
  2 9 3

⑤ (1 10)
  8 2 3
− 5 1 8
  3 0 5

⑥ (4 10)
  5 6 7
− 1 8 1
  3 8 6

⑦ (8 10)
  7 9 5
− 5 3 8
  2 5 7

⑧ (5 10)
  9 6 7
− 6 4 8
  3 1 9

⑨ (7 10)
  8 4 8
− 2 6 6
  5 8 2

⑩ (8 10)
  9 1 2
− 2 5 0
  6 6 2

⑪ (1 10)
  8 2 6
− 1 1 9
  7 0 7

⑫ (3 10)
  9 4 0
− 6 1 7
  3 2 3

⑬ (5 10)
  6 5 2
− 3 8 2
  2 7 0

10
10
백의 자리
십의 자리
일의 자리

17

집중 시간 3

빈칸에 알맞은 수를 써넣으세요.

①
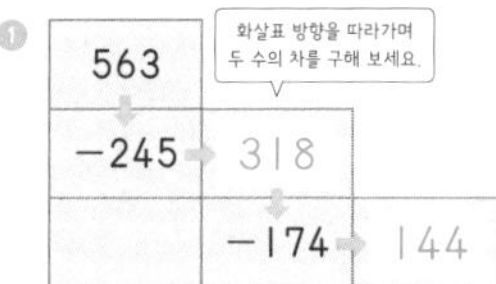
화살표 방향을 따라가며
두 수의 차를 구해 보세요.
563
−245
318
−174
144

③
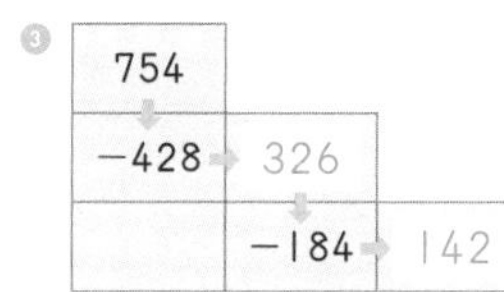
754
−428
326
−184
142

계산해 보세요!

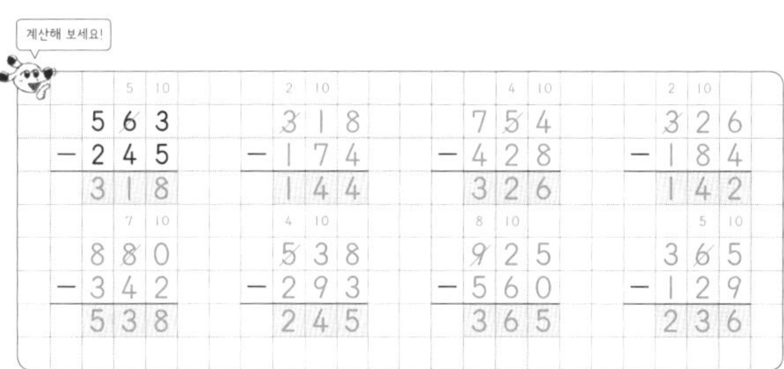
(5 10) 563 − 245 = 318
(2 10) 318 − 174 = 144
(6 10) 754 − 428 = 326
(2 10) 326 − 184 = 142
(7 10) 880 − 342 = 538
(4 10) 538 − 293 = 245
(8 10) 925 − 560 = 365
(5 10) 365 − 129 = 236

②
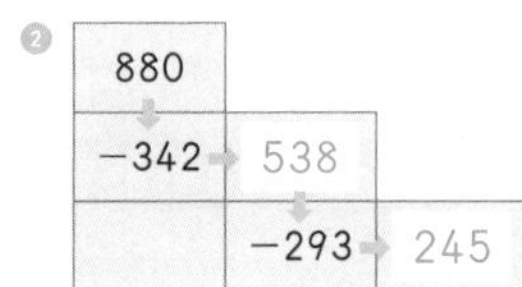
880
−342
538
−293
245

④
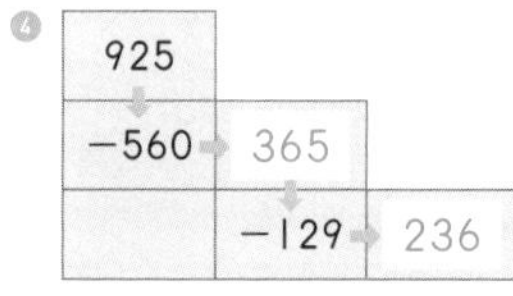
925
−560
365
−129
236

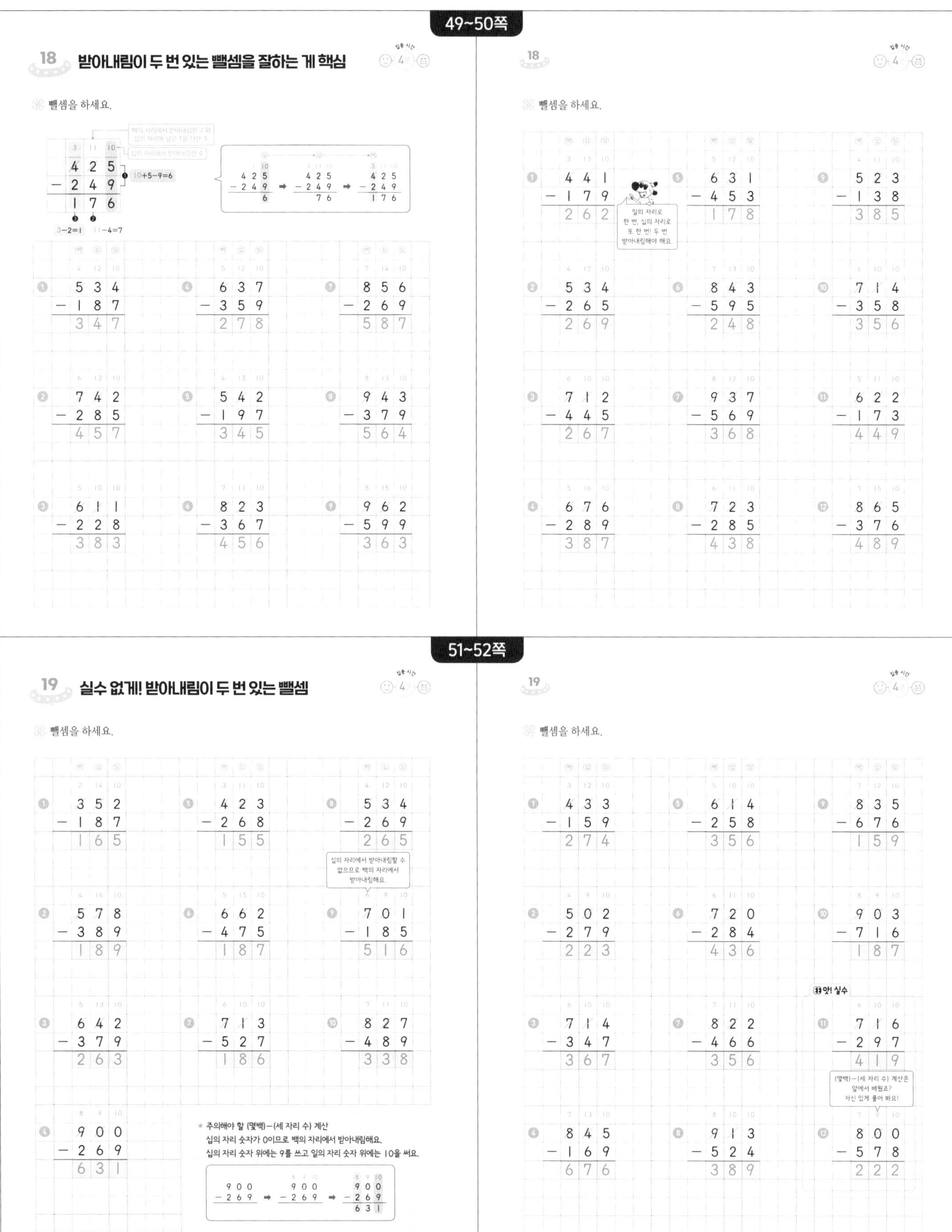
49~50쪽
18 받아내림이 두 번 있는 뺄셈을 잘하는 게 핵심
뺄셈을 하세요.
425 − 249 = 176
10+5−9=6
11−4=7
3−2=1
① 534 − 187 = 347
② 742 − 285 = 457
③ 611 − 228 = 383
④ 637 − 359 = 278
⑤ 542 − 197 = 345
⑥ 823 − 367 = 456
⑦ 856 − 269 = 587
⑧ 943 − 379 = 564
⑨ 962 − 599 = 363
18
뺄셈을 하세요.
① 441 − 179 = 262
일의 자리로 한 번, 십의 자리로 또 한 번! 두 번 받아내림해야 해요.
② 534 − 265 = 269
③ 712 − 445 = 267
④ 676 − 289 = 387
⑤ 631 − 453 = 178
⑥ 843 − 595 = 248
⑦ 937 − 569 = 368
⑧ 723 − 285 = 438
⑨ 523 − 138 = 385
⑩ 714 − 358 = 356
⑪ 622 − 173 = 449
⑫ 865 − 376 = 489
51~52쪽
19 실수 없게! 받아내림이 두 번 있는 뺄셈
뺄셈을 하세요.
① 352 − 187 = 165
② 578 − 389 = 189
③ 642 − 379 = 263
④ 900 − 269 = 631
⑤ 423 − 268 = 155
⑥ 662 − 475 = 187
⑦ 713 − 527 = 186
⑧ 534 − 269 = 265
십의 자리에서 받아내림할 수 없으므로 백의 자리에서 받아내림해요.
⑨ 701 − 185 = 516
⑩ 827 − 489 = 338
* 주의해야 할 (몇백)−(세 자리 수) 계산
십의 자리 숫자가 0이므로 백의 자리에서 받아내림해요.
십의 자리 숫자 위에는 9를 쓰고 일의 자리 숫자 위에는 10을 써요.
900 − 269 = 631
19
뺄셈을 하세요.
① 433 − 159 = 274
② 502 − 279 = 223
③ 714 − 347 = 367
④ 845 − 169 = 676
⑤ 614 − 258 = 356
⑥ 720 − 284 = 436
⑦ 822 − 466 = 356
⑧ 913 − 524 = 389
⑨ 835 − 676 = 159
⑩ 903 − 716 = 187
앗! 실수
⑪ 716 − 297 = 419
(몇백)−(세 자리 수) 계산은 앞에서 배웠죠? 자신 있게 풀어 봐요!
⑫ 800 − 578 = 222

53~54쪽

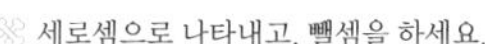

20 받아내림이 두 번 있는 뺄셈은 중요하니 한 번 더!

집중 시간 5

세로셈으로 나타내고, 뺄셈을 하세요.

① 323−136 = 187
② 427−258 = 169
③ 655−488 = 167
④ 717−249 = 468
⑤ 530−359 = 171
⑥ 643−354 = 289
⑦ 731−457 = 274
⑧ 964−395 = 569
⑨ 744−569 = 175
⑩ 812−368 = 444
⑪ 911−622 = 289
⑫ 806−288 = 518

20

뺄셈을 하세요.

317−159 = 158
❶ 10+7−9=8
❷ 10−5=5
❸ 2−1=1

① 430−255 = 175
② 521−353 = 168
③ 642−257 = 385
④ 742−553 = 189
⑤ 901−675 = 226

앗! 실수

⑥ 812−725 = 87
⑦ 800−299 = 501
⑧ 900−397 = 503
⑨ 701−178 = 523

자, 줄게.
더해서 써.
10
백
십
일

자, 줄게.
더해서 써.
10
10
백
십
일

55~56쪽

21 받아내림이 두 번 있는 뺄셈 집중 연습

집중 시간 4

뺄셈을 하세요.

① 427−358 = 69
② 758−279 = 479
③ 931−858 = 73
④ 612−437 = 175
⑤ 821−556 = 265
⑥ 526−277 = 249
⑦ 856−367 = 489
⑧ 725−436 = 289
⑨ 888−299 = 589
⑩ 723−365 = 358

⑪ 816−319 = 497
⑫ 920−347 = 573
⑬ 603−385 = 218

10
10
백의 자리
십의 자리
일의 자리

21

두 수의 차가 □ 안의 수가 되도록 가로 또는 세로로 두 수를 묶어 보세요.

큰 수에서 작은 수를 빼야 해요.

① 두 수의 차: 268

487	426	541
128	158	
	188	164

② 두 수의 차: 527

853	137	
	932	724
912	385	613

③ 두 수의 차: 246

692	368	614
634		372
365	389	

④ 두 수의 차: 148

	540	532
161	309	312
878		999

57~58쪽

22 생활 속 연산 – 뺄셈

집중 시간 4

※ □ 안에 알맞은 수를 써넣으세요.

1. 
치킨 3조각 654킬로칼로리 　 김밥 1인분 318킬로칼로리

치킨 3조각과 김밥 1인분의 열량의 차이는 [336] 킬로칼로리입니다.

*킬로칼로리는 열량을 나타내는 단위로 'kcal'라고 써요.

2. 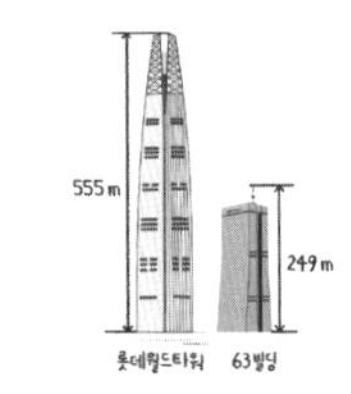
555 m
249 m
롯데월드타워
63빌딩

우리나라에서 가장 높은 건물인 롯데월드타워의 높이는 555 m이고, 63빌딩은 249 m입니다. 두 건물의 높이의 차이는 [306] m입니다.

3. 
2025

1년 365일 중 174일이 지나면 남은 날수는 [191] 일입니다.

4. 

어린이 1명이 1시간 동안 운동할 때 사용하는 열량은 축구는 540킬로칼로리, 배드민턴은 346킬로칼로리입니다. 축구가 배드민턴보다 사용하는 열량이 [194] 킬로칼로리 더 많습니다.

22 꿀꺽! 연산 간식

집중 시간 3

※ 고양이들이 실뭉치를 가지고 놀다가 놓쳤습니다. 고양이들의 실뭉치는 무엇일까요? 뺄셈식의 계산 결과가 적힌 실뭉치를 찾아 선으로 이어 보세요.

1 458−123
2 614−506
3 343−181
4 842−453
5 925−577
108
389
335
348
162

59쪽

둘째 마당 통과 문제

*틀린 문제는 꼭 다시 확인하고 넘어가요!

※ □ 안에 알맞은 수를 써넣으세요.

12차시
1. 539 − 216 = [323]

15차시
2. 327 − 164 = [163]

13차시
3. 654 − 139 = [515]

15차시
4. 549 − 390 = [159]

18차시
5. 324 − 186 = [138]

18차시
6. 458 − 179 = [279]

13차시
7. 490 − 104 = [386]

18차시
8. 608 − 159 = [449]

12차시
9. 649−304=[345]

14차시
10. 592−245=[347]

16차시
11. 875−392=[483]

20차시
12. 900−254=[646]

20차시
13. 604−198=[406]

20차시
14. 721−394=[327]

22차시
15. 1년 365일 중 203일이 지나면 남은 날수는 [162] 일입니다.

둘째 마당 정복!
셋째 마당으로 가 보자고

63~64쪽

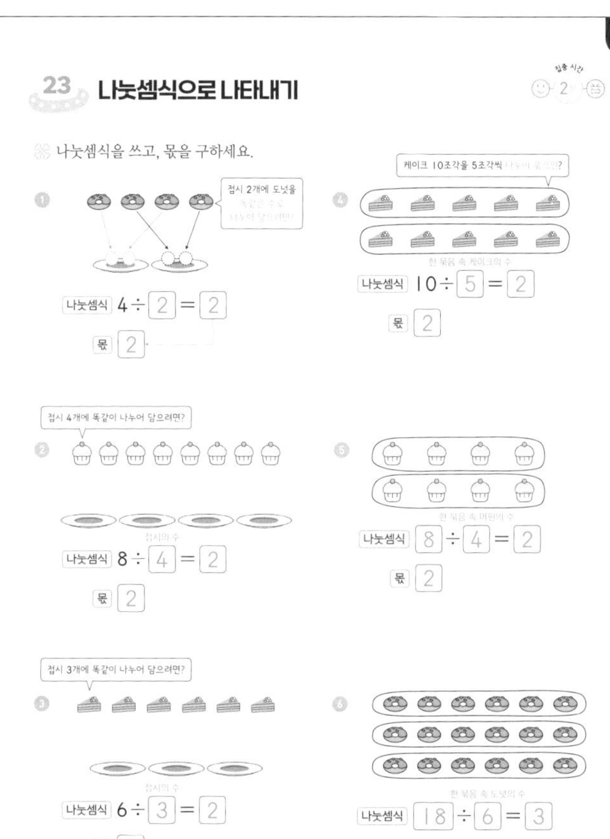

23 나눗셈식으로 나타내기

나눗셈식을 쓰고, 몫을 구하세요.

1. 나눗셈식 $4 \div 2 = 2$ 몫 2
2. 나눗셈식 $8 \div 4 = 2$ 몫 2
3. 나눗셈식 $6 \div 3 = 2$ 몫 2
4. 나눗셈식 $10 \div 5 = 2$ 몫 2
5. 나눗셈식 $8 \div 4 = 2$ 몫 2
6. 나눗셈식 $18 \div 6 = 3$ 몫 3

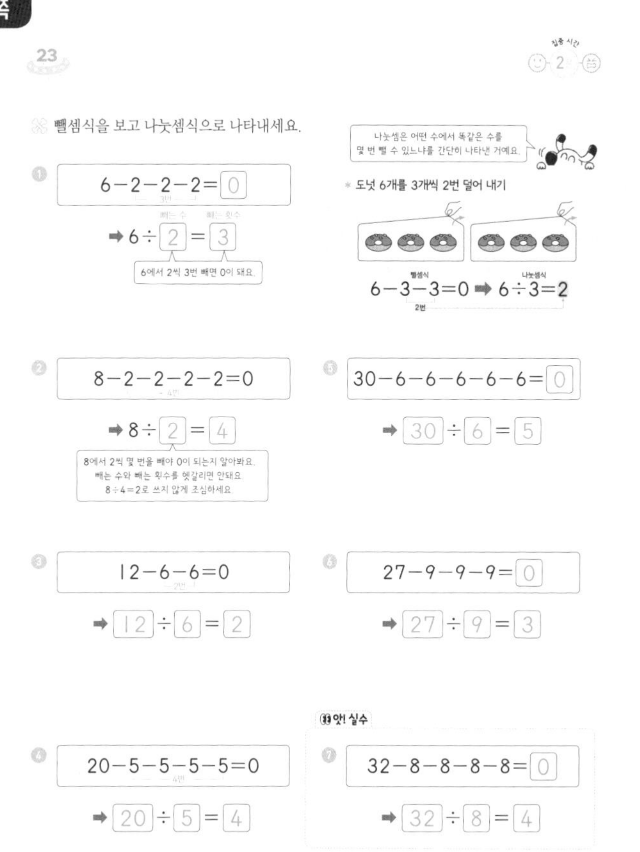

뺄셈식을 보고 나눗셈식으로 나타내세요.

1. $6-2-2-2=0$ ➡ $6 \div 2 = 3$
   6에서 2씩 3번 빼면 0이 돼요.
2. $8-2-2-2-2=0$ ➡ $8 \div 2 = 4$
   8에서 2씩 몇 번을 빼야 0이 되는지 알아봐요. 빼는 수와 빼는 횟수를 헷갈리면 안돼요. 8÷4=2로 쓰지 않게 조심하세요.
3. $12-6-6=0$ ➡ $12 \div 6 = 2$
4. $20-5-5-5-5=0$ ➡ $20 \div 5 = 4$
5. $30-6-6-6-6-6=0$ ➡ $30 \div 6 = 5$
6. $27-9-9-9=0$ ➡ $27 \div 9 = 3$
7. 앗! 실수 $32-8-8-8-8=0$ ➡ $32 \div 8 = 4$

나눗셈은 어떤 수에서 똑같은 수를 몇 번 뺄 수 있느냐를 간단히 나타낸 거예요.

* 도넛 6개를 3개씩 2번 덜어 내기
  $6-3-3=0$ ➡ $6 \div 3 = 2$

65~66쪽

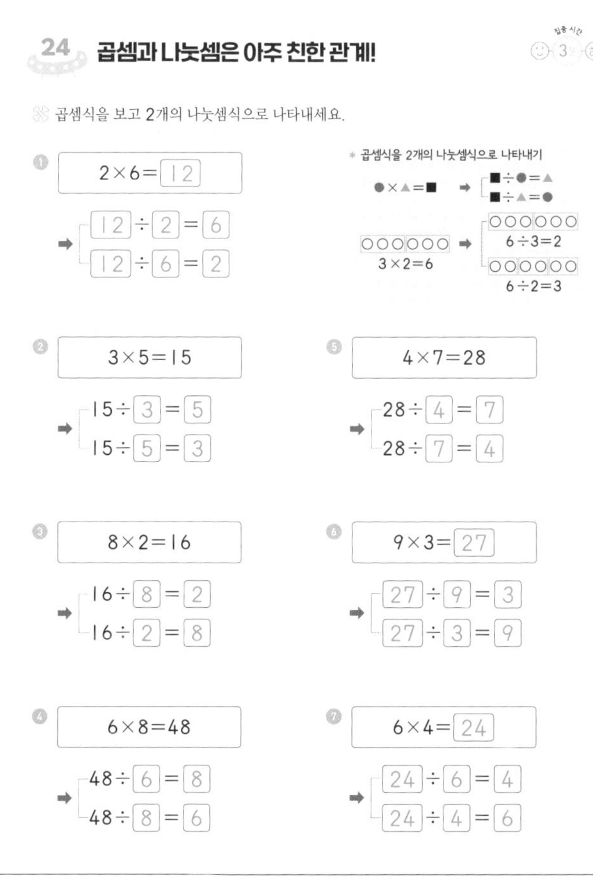

24 곱셈과 나눗셈은 아주 친한 관계!

곱셈식을 보고 2개의 나눗셈식으로 나타내세요.

1. $2 \times 6 = 12$ ➡ $12 \div 2 = 6$, $12 \div 6 = 2$
2. $3 \times 5 = 15$ ➡ $15 \div 3 = 5$, $15 \div 5 = 3$
3. $8 \times 2 = 16$ ➡ $16 \div 8 = 2$, $16 \div 2 = 8$
4. $6 \times 8 = 48$ ➡ $48 \div 6 = 8$, $48 \div 8 = 6$
5. $4 \times 7 = 28$ ➡ $28 \div 4 = 7$, $28 \div 7 = 4$
6. $9 \times 3 = 27$ ➡ $27 \div 9 = 3$, $27 \div 3 = 9$
7. $6 \times 4 = 24$ ➡ $24 \div 6 = 4$, $24 \div 4 = 6$

* 곱셈식을 2개의 나눗셈식으로 나타내기
  ●×▲=■ ➡ ■÷●=▲, ■÷▲=●
  $3 \times 2 = 6$ ➡ $6 \div 3 = 2$, $6 \div 2 = 3$

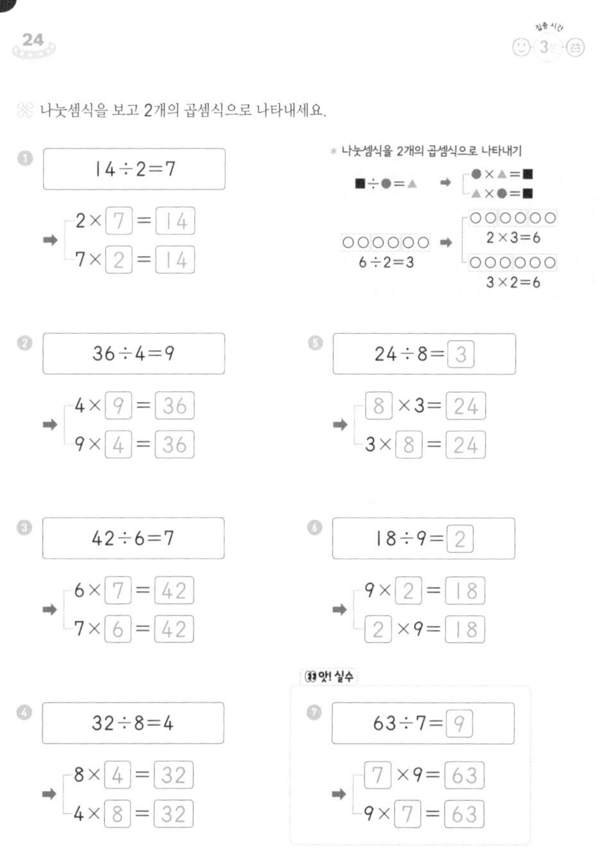

나눗셈식을 보고 2개의 곱셈식으로 나타내세요.

1. $14 \div 2 = 7$ ➡ $2 \times 7 = 14$, $7 \times 2 = 14$
2. $36 \div 4 = 9$ ➡ $4 \times 9 = 36$, $9 \times 4 = 36$
3. $42 \div 6 = 7$ ➡ $6 \times 7 = 42$, $7 \times 6 = 42$
4. $32 \div 8 = 4$ ➡ $8 \times 4 = 32$, $4 \times 8 = 32$
5. $24 \div 8 = 3$ ➡ $8 \times 3 = 24$, $3 \times 8 = 24$
6. $18 \div 9 = 2$ ➡ $9 \times 2 = 18$, $2 \times 9 = 18$
7. 앗! 실수 $63 \div 7 = 9$ ➡ $7 \times 9 = 63$, $9 \times 7 = 63$

* 나눗셈식을 2개의 곱셈식으로 나타내기
  ■÷●=▲ ➡ ●×▲=■, ▲×●=■
  $6 \div 2 = 3$ ➡ $2 \times 3 = 6$, $3 \times 2 = 6$

67~68쪽

25 곱셈식은 나눗셈식으로! 나눗셈식은 곱셈식으로!

3

※ 곱셈식은 나눗셈식으로, 나눗셈식은 곱셈식으로 나타내세요.

① 2×5=10
➡ 10÷2=5, 10÷5=2

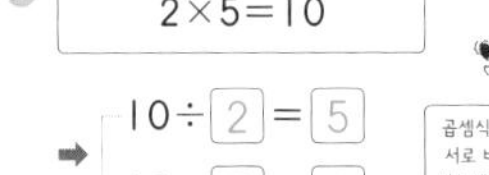
곱셈식과 나눗셈식을 서로 바꿀 수 있어야 나눗셈의 몫도 빠르게 구할 수 있어요!

⑤ 30÷5=6
➡ 5×6=30, 6×5=30

② 4×7=28
➡ 28÷4=7, 28÷7=4

⑥ 21÷3=7
➡ 3×7=21, 7×3=21

③ 7×8=56
➡ 56÷7=8, 56÷8=7

⑦ 27÷9=3
➡ 9×3=27, 3×9=27

④ 8×3=24
➡ 24÷8=3, 24÷3=8

⑧ 54÷6=9
➡ 6×9=54, 9×6=54

25

※ 곱셈식은 나눗셈식으로, 나눗셈식은 곱셈식으로 나타내세요.

① 3×6=18
➡ 18÷3=6, 18÷6=3

⑤ 14÷7=2
➡ 7×2=14, 2×7=14

② 4×8=32
➡ 32÷4=8, 32÷8=4

⑥ 16÷2=8
➡ 2×8=16, 8×2=16

③ 6×9=54
➡ 54÷6=9, 54÷9=6

⑦ 45÷5=9
➡ 5×9=45, 9×5=45

④ 7×6=42
➡ 42÷7=6, 42÷6=7

⑧ 72÷8=9
➡ 8×9=72, 9×8=72

69~70쪽

26 곱셈식으로 나눗셈의 몫 구하기

3

※ □ 안에 알맞은 수를 써넣으세요.

① 4×3=12 ➡ 12÷4=3

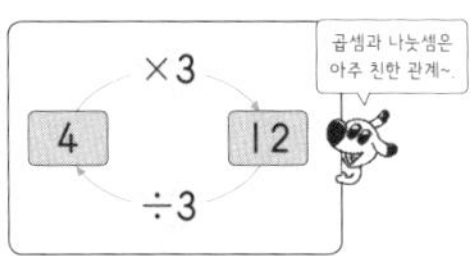
×3
4
12
÷3
곱셈과 나눗셈은 아주 친한 관계~

② 5×4=20 ➡ 20÷5=4

③ 8×5=40 ➡ 40÷8=5

④ 9×2=18 ➡ 18÷9=2

⑤ 7×5=35 ➡ 35÷7=5

⑥ 6×9=54 ➡ 54÷6=9

⑦ 6×6=36 ➡ 36÷6=6

⑧ 9×3=27 ➡ 27÷9=3

⑨ 8×6=48 ➡ 48÷8=6

⑩ 6×7=42 ➡ 42÷6=7

⑪ 7×8=56 ➡ 56÷7=8

26

3

※ □ 안에 알맞은 수를 써넣으세요.

① 2×4=8 ➡ 8÷2=4

② 3×5=15 ➡ 15÷3=5

③ 5×2=10 ➡ 10÷5=2

④ 6×5=30 ➡ 30÷6=5

⑤ 7×3=21 ➡ 21÷7=3

⑥ 8×4=32 ➡ 32÷8=4

⑦ 7×7=49 ➡ 49÷7=7

⑧ 9×8=72 ➡ 72÷9=8

⑨ 5×8=40 ➡ 40÷5=8

⑩ 6×8=48 ➡ 48÷6=8

⑪ 4×9=36 ➡ 36÷4=9

⑫ 8×9=72 ➡ 72÷8=9

71~72쪽

27 곱셈구구를 이용해 나눗셈의 몫 구하기

집중 시간 3분

□ 안에 알맞은 수를 써넣으세요.

① 14÷2=[7]
2×7=14
2단 곱셈구구에서 곱이 14인 수를 찾아봐요.

② 16÷4=[4]
4×4=16

③ 35÷5=[7]
5×[7]=35
5단 곱셈구구에서 곱이 35인 수를 찾아봐요.

④ 63÷7=[9]
7×[9]=63

⑤ 56÷8=[7]
8×[7]=56

⑥ 18÷9=[2]
9×[2]=18

⑦ 27÷3=[9]
3×[9]=27

⑧ 45÷5=[9]
5×[9]=45

⑨ 64÷8=[8]
8×[8]=64

⑩ 42÷6=[7]
6×[7]=42

27

집중 시간 4분

곱셈구구를 이용하여 나눗셈의 몫을 구하세요.

① 8÷4=2
4단 곱셈구구를 외워 확인해 보자!

② 21÷7=3
③ 36÷4=9
④ 24÷3=8
⑤ 42÷6=7
⑥ 27÷9=3
⑦ 54÷6=9
⑧ 40÷8=5
⑨ 35÷7=5
⑩ 81÷9=9
⑪ 18÷2=9
⑫ 24÷4=6
⑬ 56÷8=7
⑭ 45÷9=5
⑮ 63÷7=9

73~74쪽

28 나눗셈의 몫 구하기

집중 시간 4분

나눗셈의 몫을 구하세요.

* 나누는 수에 [몇]을 곱하면 나누어지는 수가 되는지 확인해요.

4÷2=[2]
나누어지는 수 / 나누는 수

➡ 2×[몇]=4
→ 2×[2]=4

① 10÷2=5
나누어지는 수 / 나누는 수

곱셈구구를 이용해서 나눗셈의 몫을 구하면 쉬워요.
➡ 2×□=10

② 27÷3=9
③ 28÷4=7
④ 12÷6=2
⑤ 14÷7=2
⑥ 24÷8=3
⑦ 28÷7=4
⑧ 48÷8=6
⑨ 45÷5=9
⑩ 20÷5=4
⑪ 18÷3=6
⑫ 42÷6=7
⑬ 56÷7=8
⑭ 72÷9=8

28

집중 시간 4분

나눗셈의 몫을 구하세요.

① 20÷4=5
② 32÷8=4
③ 18÷9=2
④ 48÷6=8
⑤ 21÷3=7
⑥ 15÷5=3
⑦ 36÷4=9
⑧ 21÷7=3
⑨ 54÷6=9
⑩ 49÷7=7
⑪ 36÷9=4
⑫ 63÷7=9
⑬ 40÷8=5
⑭ 42÷7=6
⑮ 72÷9=8

75~76쪽

29 실수 없게! 나눗셈의 몫 구하기 집중 연습

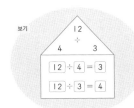

집중 시간 4

나눗셈의 몫을 구하세요.

① 24÷3=8
② 16÷8=2
③ 35÷7=5
④ 24÷6=4
⑤ 25÷5=5
⑥ 54÷9=6
⑦ 14÷2=7
⑧ 28÷7=4
⑨ 64÷8=8
⑩ 81÷9=9

앗! 실수

⑪ 56÷7=8
⑫ 63÷9=7
⑬ 72÷8=9
⑭ 42÷6=7

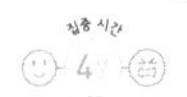

나? 호
내가 몇 배가 되어야 너가 될 수 있을까?

29

집중 시간 4

보기 와 같이 □ 안에 알맞은 수를 써넣으세요.

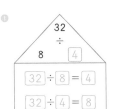

① 32 ÷ 8, 4
32÷8=4
32÷4=8

③ 36 ÷ 9, 4

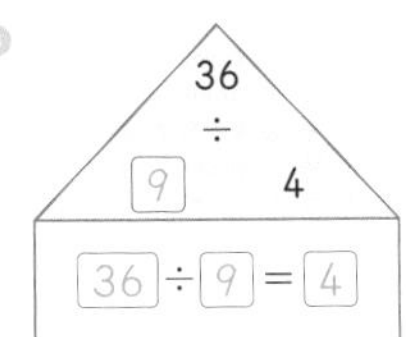

36÷9=4
36÷4=9

보기 12 ÷ 4, 3
12÷4=3
12÷3=4

② 21 ÷ 3, 7
21÷3=7
21÷7=3

④ 48 ÷ 8, 6

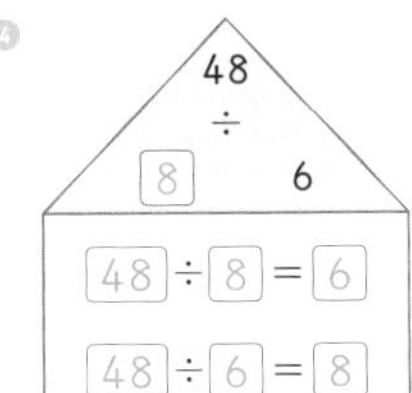

48÷8=6
48÷6=8

77~78쪽

30 생활 속 연산 – 나눗셈

집중 시간 4

그림을 보고 □ 안에 알맞은 수를 써넣으세요.

①

케이크를 8조각으로 똑같이 잘랐습니다. 접시 4개에 똑같이 나누어 담으면 2조각씩 담을 수 있습니다.

② 쿠키 16개를 한 사람에게 2개씩 나누어 주면 8명에게 나누어 줄 수 있습니다.

③ 바구니에 감이 45개 있습니다. 한 봉지에 5개씩 나누어 담으면 9봉지가 됩니다.

④

리본 1개를 만드는 데 끈이 9 cm 필요합니다. 길이가 81 cm인 끈으로 만들 수 있는 리본은 9개입니다.

30 꿀꺽! 연산 간식

집중 시간 3

빠독이와 쁘냥이가 풍선을 터뜨리는 게임을 하려고 합니다. 풍선 속 나눗셈의 몫과 일치하는 풍선을 찾아 × 표시해 풍선을 터뜨려 보세요.

①

56÷7
12÷2
63÷9
32÷8
몫: 7

②

27÷9
24÷4
48÷6
28÷7
몫: 4

셋째 마당
통과 문제

*틀린 문제는 꼭 다시 확인하고 넘어가요!

※ □ 안에 알맞은 수를 써넣으세요.

23차시
① 6−3−3=0
➡ 6÷[3]=[2]

23차시
② 10−2−2−2−2−2=0
➡ 10÷[2]=[5]

24차시
③ [3×7=21]
➡ 21÷[3]=[7]
21÷[7]=[3]

24차시
④ [30÷5=6]
➡ 5×[6]=[30]
[6]×[5]=[30]

26차시
⑤ 9×4=36 ➡ 36÷4=[9]

26차시
⑥ 6×6=[36] ➡ 36÷[6]=[6]

28차시
⑦ 72÷9=[8]

28차시
⑧ 24÷4=[6]

28차시
⑨ 63÷7=[9]

28차시
⑩ 48÷6=[8]

28차시
⑪ 32÷8=[4]

28차시
⑫ 45÷5=[9]

30차시
⑬ 딸기 54개를 한 접시에 6개씩 나누어 담으려면 접시는 모두 [9]개 필요합니다.

셋째 마당 정복!
넷째 마당으로 가 보자고

31 (몇십)×(몇)은 간단해~

집중 시간 2

※ 곱셈을 하세요.

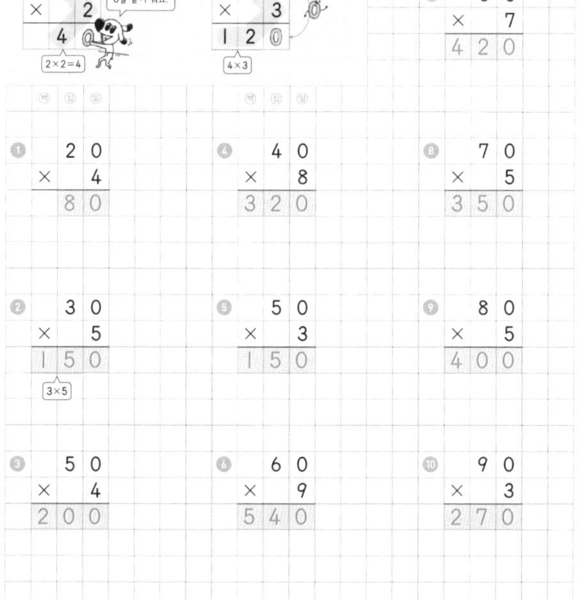

* (몇십)×(몇) 계산하기 – (몇)×(몇)을 계산한 값에 0을 1개 붙여요.

20 × 2 = 40 (2×2=4), 0을 붙여 줘요.

40 × 3 = 120 (4×3), 나 먼저 내려 온다!

① 20×4=80
② 30×5=150 (3×5)
③ 50×4=200
④ 40×8=320
⑤ 50×3=150
⑥ 60×9=540
⑦ 60×7=420
⑧ 70×5=350
⑨ 80×5=400
⑩ 90×3=270

31

집중 시간 2

※ 곱셈을 하세요.

① 20×6=120
② 40×3=120
③ 30×8=240
④ 40×7=280
⑤ 40×4=160
⑥ 60×5=300
⑦ 70×3=210
⑧ 50×9=450
⑨ 70×7=490
⑩ 60×8=480

앗! 실수

⑪ 80×9=720
⑫ 90×6=540

85~86쪽

32 

집중 시간 2

※ 곱셈을 하세요.

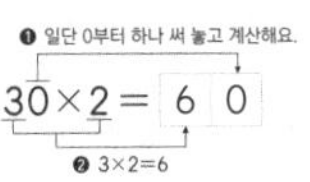

❶ 일단 0부터 하나 써 놓고 계산해요.
30×2= 6 0
❷ 3×2=6

3×2=6
30×2=60

① 50×5= 2 5 0

0을 1개 먼저 쓰고 5×5의 계산 결과를 0 앞에 써 줘요.

② 40×8=320

③ 80×3=240

④ 30×9=270

⑤ 60×6=360

⑥ 20×7=140

⑦ 90×4=360

⑧ 40×6=240

⑨ 50×8=400

⑩ 80×7=560

32

집중 시간 3

※ 곱셈을 하세요.

① 30×3=90

곱셈구구로 구한 곱에 0을 1개 붙이면 돼요. 간단하죠? 가로셈으로 바로 풀어 봐요.

② 70×4=280

③ 90×5=450

④ 60×4=240

⑤ 70×9=630

⑥ 30×6=180

⑦ 20×8=160

⑧ 50×9=450

⑨ 40×9=360

⑩ 80×8=640

⑪ 50×7=350

⑫ 40×5=200

⑬ 60×9=540

⑭ 80×6=480

⑮ 90×9=810

87~88쪽

33 올림이 없는 (몇십몇)×(몇)은 쉬워

집중 시간 3

※ 곱셈을 하세요.

* 올림이 없는 (몇십몇)×(몇) 계산하기

12 × 3 = 6 → 12 × 3 = 36
❶ 2×3=6
❷ 1×3=3
일의 자리, 십의 자리 순서로 계산해요.

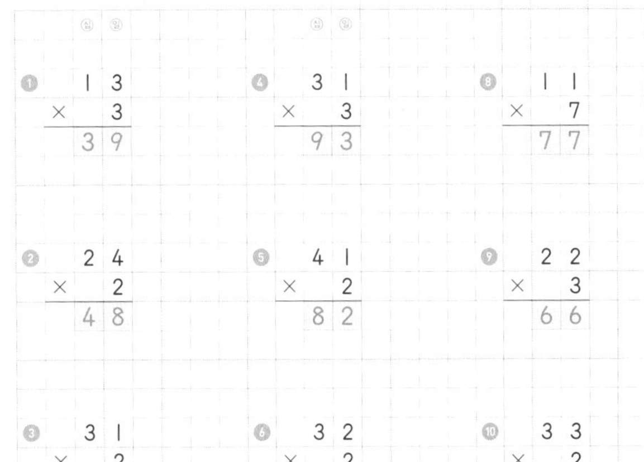

① 13 × 3 = 39

② 24 × 2 = 48

③ 31 × 2 = 62

④ 31 × 3 = 93

⑤ 41 × 2 = 82

⑥ 32 × 2 = 64

⑦ 12 × 4 = 48

⑧ 11 × 7 = 77

⑨ 22 × 3 = 66

⑩ 33 × 2 = 66

33

※ 곱셈을 하세요.

일의 자리부터 계산하는 습관을 들이는 게 좋아요.

① 11 × 2 = 22

② 21 × 2 = 42

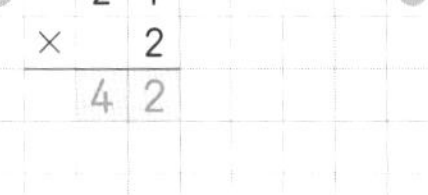

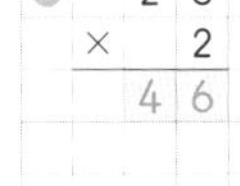

③ 23 × 2 = 46

④ 32 × 3 = 96

⑤ 22 × 2 = 44

⑥ 14 × 2 = 28

⑦ 11 × 9 = 99

⑧ 42 × 2 = 84

⑨ 11 × 5 = 55

⑩ 23 × 3 = 69

⑪ 13 × 2 = 26

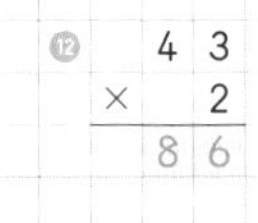

⑫ 43 × 2 = 86

34 올림이 없는 (몇십몇)×(몇)을 빠르게

※ 곱셈을 하세요.

예) 12×4=48 (❶ 2×4=8, ❷ 1×4=4)

① 11×4=44
② 21×3=63
③ 13×2=26
④ 22×4=88
⑤ 21×4=84
⑥ 13×2=26
⑦ 11×6=66
⑧ 22×3=66
⑨ 33×3=99
⑩ 11×7=77
⑪ 41×2=82

34

※ 곱셈을 하세요.

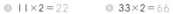

① 11×2=22
② 14×2=28
③ 23×2=46
④ 31×3=93
⑤ 22×2=44
⑥ 33×2=66

⑦ 23×3=69
⑧ 11×8=88
⑨ 32×3=96
⑩ 42×2=84

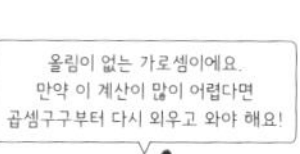
올림이 없는 가로셈이에요.
만약 이 계산이 많이 어렵다면
곱셈구구부터 다시 외우고 와야 해요!

⑪ 12×3=36
⑫ 24×2=48
⑬ 11×5=55
⑭ 13×3=39

35 십의 자리에서 올림한 수는 백의 자리에 써

※ 곱셈을 하세요.

* 십의 자리에서 올림한 수를 바로 백의 자리에 쓰는 (몇십몇)×(몇) 계산하기

52×3: ❶ 2×3=6 → ❷ 5×3=15 → 156 (십의 자리에서 올림한 수)

십의 자리에서 올림한 수를 백의 자리에 쓰면 되니까 올림이 있어도 어렵지 않죠?

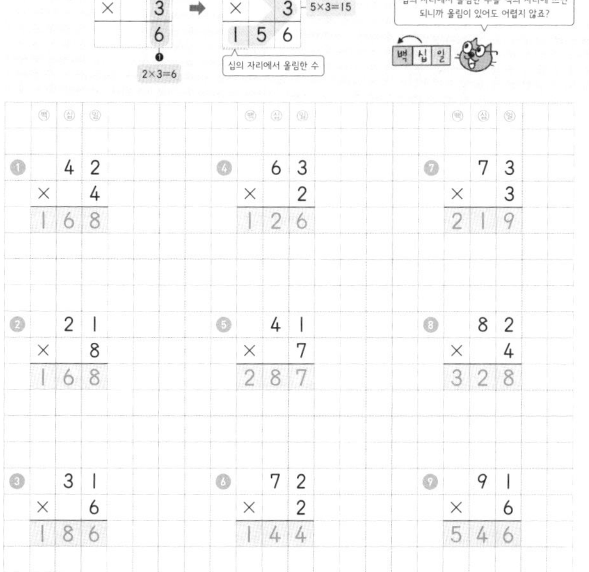

① 42×4=168
② 21×8=168
③ 31×6=186
④ 63×2=126
⑤ 41×7=287
⑥ 72×2=144
⑦ 73×3=219
⑧ 82×4=328
⑨ 91×6=546

35

※ 곱셈을 하세요.

① 31×7=217 (일의 자리부터 곱하고 있죠?)
② 52×4=208
③ 73×2=146
④ 82×3=246
⑤ 63×3=189
⑥ 72×4=288
⑦ 51×7=357
⑧ 41×9=369
⑨ 51×8=408
⑩ 61×6=366
⑪ 63×3=189
⑫ 84×2=168

36 십의 자리에서 올림이 있는 곱셈 집중 연습

※ 곱셈을 하세요.

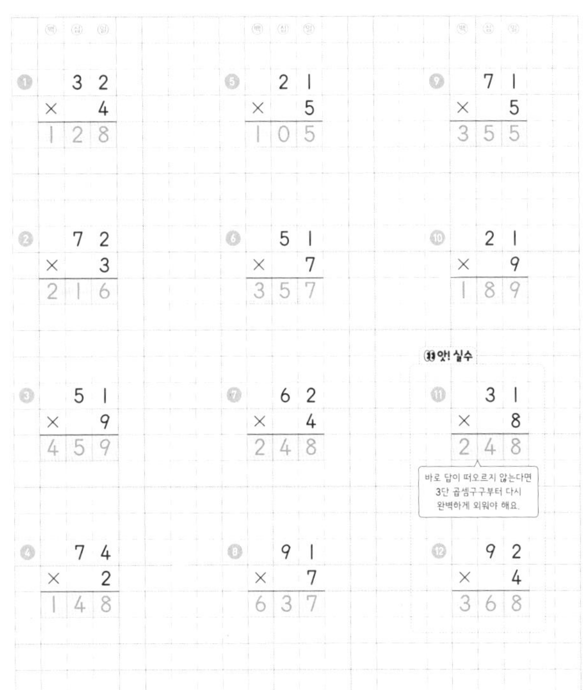

① 32 × 4 = 128
⑤ 21 × 5 = 105
⑨ 71 × 5 = 355
② 72 × 3 = 216
⑥ 51 × 7 = 357
⑩ 21 × 9 = 189
⑬ 앗! 실수
③ 51 × 9 = 459
⑦ 62 × 4 = 248
⑪ 31 × 8 = 248
바로 답이 떠오르지 않는다면 3단 곱셈구구부터 다시 완벽하게 외워야 해요.
④ 74 × 2 = 148
⑧ 91 × 7 = 637
⑫ 92 × 4 = 368

36

※ 세로셈으로 나타내고, 곱셈을 하세요.

① 21×7 → 21 × 7 = 147 (같은 자리끼리 줄을 꼭 맞추어 써야 해요.)

⑤ 62×3 → 62 × 3 = 186

⑨ 41×7 → 41 × 7 = 287

② 51×6 → 51 × 6 = 306

⑥ 61×8 → 61 × 8 = 488

⑩ 92×3 → 92 × 3 = 276

③ 91×9 → 91 × 9 = 819

⑦ 81×5 → 81 × 5 = 405

⑪ 83×3 → 83 × 3 = 249

④ 52×4 → 52 × 4 = 208

⑧ 93×3 → 93 × 3 = 279

⑫ 73×3 → 73 × 3 = 219

37 십의 자리에서 올림이 있는 가로셈 곱셈도 빠르게

※ 곱셈을 하세요.

❶ 1×4=4

31×4= 1 2 4

❷ 3×4=12

가로셈에서도 올림한 수를 바로 백의 자리에 써요.

① 51×3= 153

② 71×8=568

③ 61×7=427

④ 52×3=156

⑤ 83×2=166

⑥ 82×4=328

⑦ 62×2=124

⑧ 63×2=126

⑨ 72×4=288

⑩ 43×3=129

⑪ 94×2=188

37

※ 곱셈을 하세요.

① 51×9=459

일의 자리부터 순서대로 곱해요.

② 32×4=128

③ 42×4=168

④ 53×3=159

⑤ 82×3=246

⑥ 41×5=205

⑦ 51×2=102

⑧ 61×5=305

⑨ 81×7=567

⑩ 61×6=366

⑪ 41×8=328

⑫ 74×2=148

⑬ 62×3=186

⑭ 92×3=276

※ 여러 가지 방법으로 계산하기

92×3

- 더하기로 계산하기
  ➡ 92×3=92+92+92
- 92를 90과 2로 나누어 계산하기
  ➡ 92×3=90×3+2×3

97~98쪽

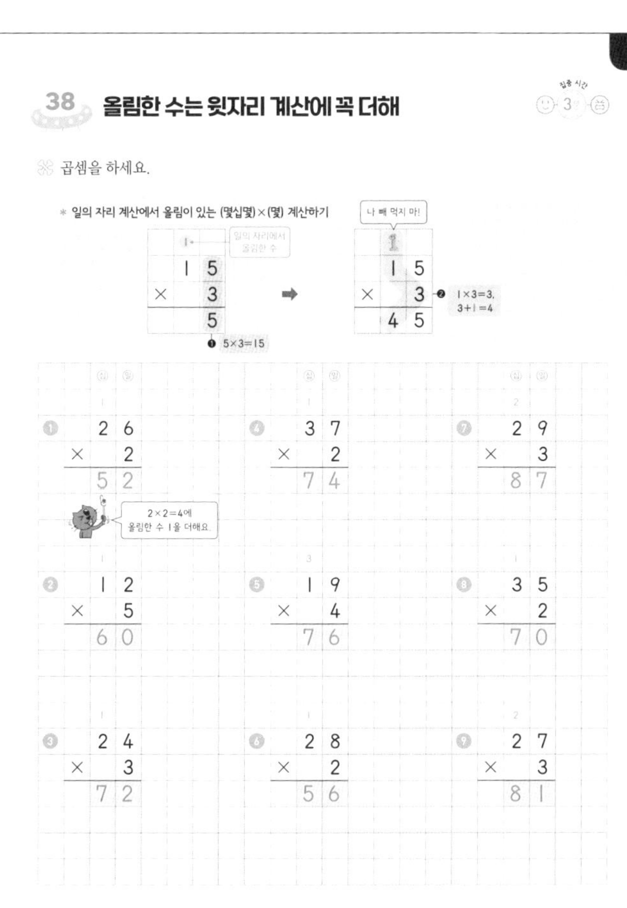

38 올림한 수는 윗자리 계산에 꼭 더해
집중 시간 3
곱셈을 하세요.
* 일의 자리 계산에서 올림이 있는 (몇십몇)×(몇) 계산하기
일의 자리에서 올림한 수
나 빼 먹지 마!
❶ 5×3=15
❷ 1×3=3, 3+1=4
2×2=4에 올림한 수 1을 더해요.
① 26 × 2 = 52
② 12 × 5 = 60
③ 24 × 3 = 72
④ 37 × 2 = 74
⑤ 19 × 4 = 76
⑥ 28 × 2 = 56
⑦ 29 × 3 = 87
⑧ 35 × 2 = 70
⑨ 27 × 3 = 81

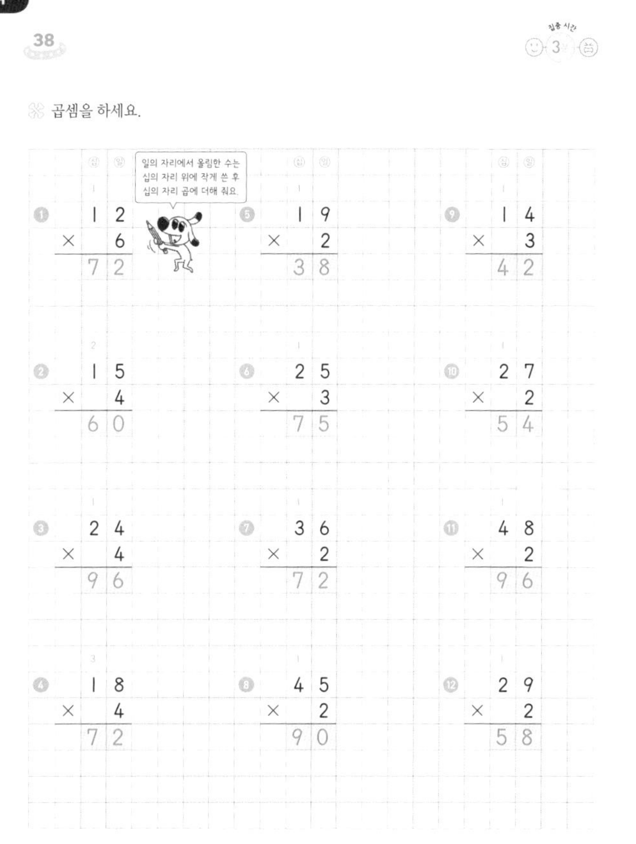

38
집중 시간 3
곱셈을 하세요.
일의 자리에서 올림한 수는 십의 자리 위에 작게 쓴 후 십의 자리 곱에 더해 줘요.
① 12 × 6 = 72
② 15 × 4 = 60
③ 24 × 4 = 96
④ 18 × 4 = 72
⑤ 19 × 2 = 38
⑥ 25 × 3 = 75
⑦ 36 × 2 = 72
⑧ 45 × 2 = 90
⑨ 14 × 3 = 42
⑩ 27 × 2 = 54
⑪ 48 × 2 = 96
⑫ 29 × 2 = 58

99~100쪽

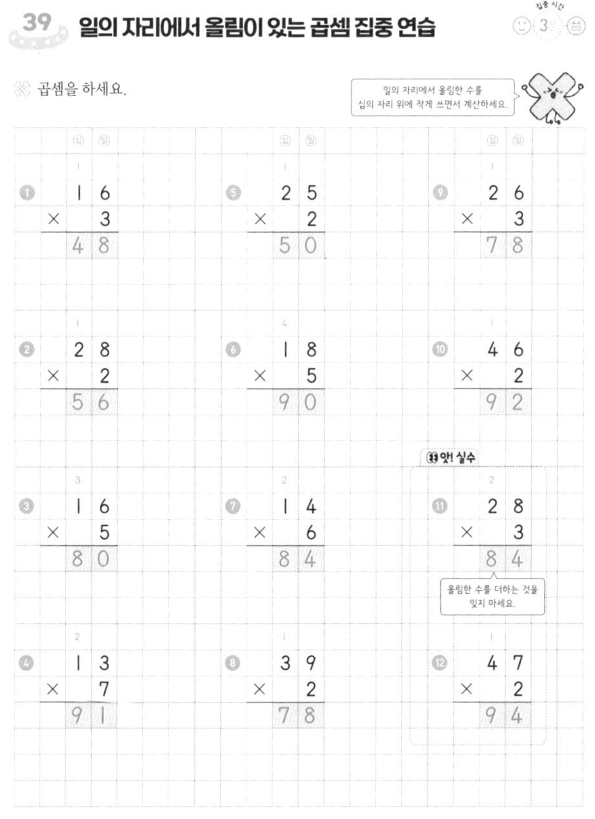

39 일의 자리에서 올림이 있는 곱셈 집중 연습
집중 시간 3
곱셈을 하세요.
일의 자리에서 올림한 수를 십의 자리 위에 작게 쓰면서 계산하세요.
① 16 × 3 = 48
② 28 × 2 = 56
③ 16 × 5 = 80
④ 13 × 7 = 91
⑤ 25 × 2 = 50
⑥ 18 × 5 = 90
⑦ 14 × 6 = 84
⑧ 39 × 2 = 78
⑨ 26 × 3 = 78
⑩ 46 × 2 = 92
앗! 실수
⑪ 28 × 3 = 84
올림한 수를 더하는 것을 잊지 마세요.
⑫ 47 × 2 = 94

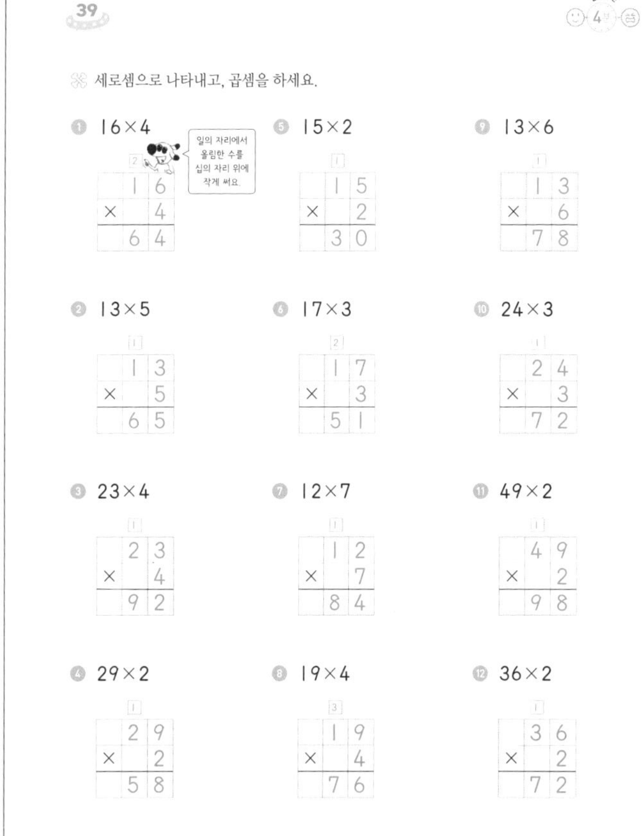

39
집중 시간 4
세로셈으로 나타내고, 곱셈을 하세요.
① 16×4 = 64
일의 자리에서 올림한 수를 십의 자리 위에 작게 써요.
② 13×5 = 65
③ 23×4 = 92
④ 29×2 = 58
⑤ 15×2 = 30
⑥ 17×3 = 51
⑦ 12×7 = 84
⑧ 19×4 = 76
⑨ 13×6 = 78
⑩ 24×3 = 72
⑪ 49×2 = 98
⑫ 36×2 = 72

101~102쪽

40 일의 자리에서 올림이 있는 가로셈 곱셈도 빠르게

곱셈을 하세요.

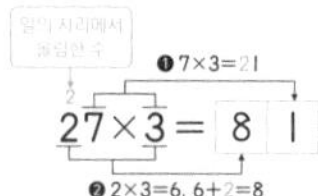

❶ 7×3=21
27×3= 8 1
❷ 2×3=6, 6+2=8

올림을 표시하면 정확하게 풀 수 있어요.

① 17×4=68
② 35×2=70
③ 24×4=96
④ 38×2=76
⑤ 45×2=90
⑥ 14×7=98
⑦ 25×3=75
⑧ 14×5=70
⑨ 14×3=42
⑩ 15×4=60
⑪ 47×2=94

40

곱셈을 하세요.

① 29×2=58
② 23×4=92
③ 16×6=96
④ 37×2=74
⑤ 17×5=85
⑥ 19×5=95
⑦ 16×5=80
⑧ 24×3=72
⑨ 29×3=87
⑩ 15×6=90

앗! 실수

⑪ 19×3=57
⑫ 28×3=84
⑬ 12×7=84
⑭ 49×2=98

올림한 수를 작게 쓰는 습관이 계산을 더 정확하게 해 줘요.

103~104쪽

41 올림이 두 번 있는 곱셈

곱셈을 하세요.

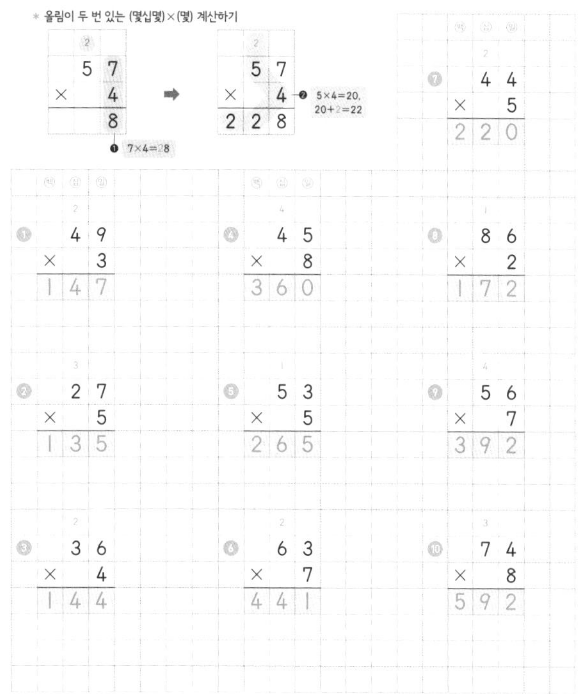

* 올림이 두 번 있는 (몇십몇)×(몇) 계산하기

57×4: ❶ 7×4=28, ❷ 5×4=20, 20+2=22 → 228

① 49×3=147
② 27×5=135
③ 36×4=144
④ 45×8=360
⑤ 53×5=265
⑥ 63×7=441
⑦ 44×5=220
⑧ 86×2=172
⑨ 56×7=392
⑩ 74×8=592

41

곱셈을 하세요.

어려운 문제가 있으면 꼭 ☆ 표시를 하고 한 번 더 풀어야 해요.

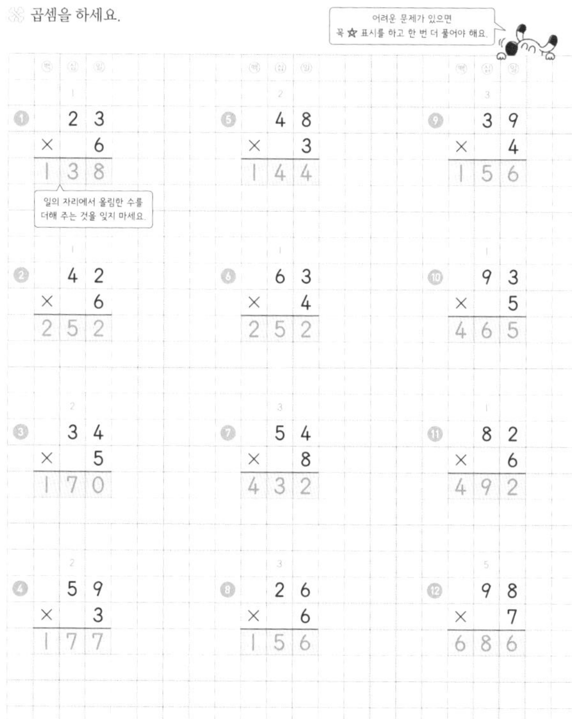

① 23×6=138

일의 자리에서 올림한 수를 더해 주는 것을 잊지 마세요.

② 42×6=252
③ 34×5=170
④ 59×3=177
⑤ 48×3=144
⑥ 63×4=252
⑦ 54×8=432
⑧ 26×6=156
⑨ 39×4=156
⑩ 93×5=465
⑪ 82×6=492
⑫ 98×7=686

105~106쪽

42 올림이 두 번 있는 곱셈을 잘하는 게 핵심

집중 시간 4분

곱셈을 하세요.

❶ 26×8=208 (❶ 6×8=48, ❷ 2×8=16, 16+4=20)
❷ 45×7=315
❸ 35×6=210
❹ 34×6=204
❺ 47×9=423
❻ 65×8=520
❼ 58×8=464
❽ 74×7=518
❾ 67×6=402

계산이 힘든 친구들을 위한 꿀팁!

35×6: 올림한 수를 쓰기 (5×6=30) → 3×6=18 옆에 살짝 써 봐요 → 18+3=21 → 210

올림한 수를 더하는 과정에 받아올림이 있으면 계산 중간에 살짝 써 놓고 더해 봐요.

쉽게 이해할 수 있게 영상으로 준비했어요!

42

집중 시간 4분

세로셈으로 나타내고, 곱셈을 하세요.

❶ 23×9=207
❷ 35×6=210
❸ 47×7=329
❹ 56×9=504
❺ 38×8=304
❻ 47×9=423
❼ 63×8=504
❽ 72×7=504
❾ 67×9=603
❿ 78×8=624
⓫ 85×6=510
⓬ 89×8=712

107~108쪽

43 올림이 두 번 있는 곱셈을 빠르게

집중 시간 4분

곱셈을 하세요.

가로셈에서도 일의 자리에서 올림한 수를 십의 자리 위에 작게 쓰고, 십의 자리 곱에 더하면 돼요.

23×6=138 (❶ 3×6=18, ❷ 2×6=12, 12+1=13)

❶ 37×4=148
❷ 49×5=245
❸ 58×3=174
❹ 66×9=594
❺ 83×4=332
❻ 43×7=301
❼ 58×7=406
❽ 64×8=512
❾ 69×8=552
❿ 76×8=608
⓫ 89×7=623

43

집중 시간 5분

곱셈을 하세요.

세로셈으로 바꾸지 말고 가로셈으로 푸는 연습을 해요.

❶ 22×9=198
❷ 32×8=256
❸ 59×5=295
❹ 94×5=470
❺ 67×7=469
❻ 34×9=306
❼ 48×7=336
❽ 69×3=207
❾ 63×8=504
❿ 88×7=616

앗! 실수

⓫ 26×8=208
⓬ 74×7=518
⓭ 68×8=544
⓮ 86×6=516

109~110쪽

44

올림이 두 번 있는 곱셈 집중 연습

집중 시간 4

곱셈을 하세요.

① 35 × 4 = 140
② 56 × 5 = 280
③ 84 × 4 = 336
④ 49 × 3 = 147
⑤ 62 × 7 = 434
⑥ 36 × 6 = 216
⑦ 65 × 8 = 520
⑧ 77 × 7 = 539
⑨ 88 × 8 = 704
⑩ 89 × 9 = 801

올림한 수를 작게 쓰고
암산으로 더해
속도를 높여 보세요.

앗! 실수

⑪ 79 × 7 = 553
⑫ 38 × 9 = 342
⑬ 67 × 8 = 536

44

집중 시간 4

빈칸에 알맞은 수를 써넣으세요.

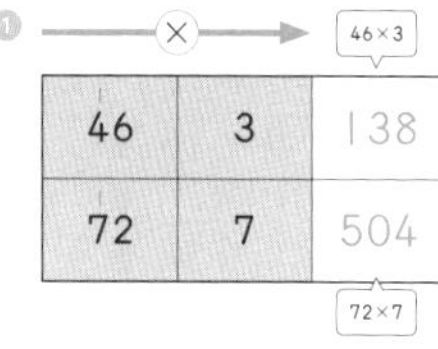
46×3
72×7

①

46	3	138
72	7	504

화살표 방향으로
두 수의 곱을 구해 보세요.

②

76	9	684
98	3	294

③

58	6	348
84	7	588

④

74	4	296
65	8	520

⑤

92	5	460
79	4	316

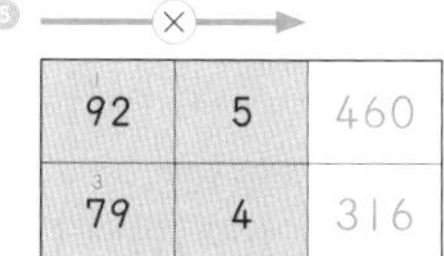

111~112쪽

45

생활 속 연산 – 곱셈

집중 시간 4

그림을 보고 □ 안에 알맞은 수를 써넣으세요.

① 

1판에 21개씩 포장되어 있는 메추리알을 5판 샀습니다. 산 메추리알은 모두 105 개입니다.

② 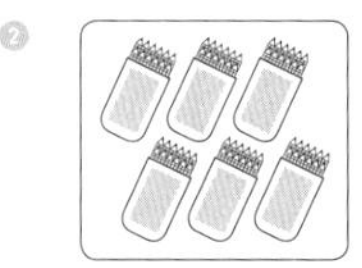

연필 1타는 12자루입니다. 연필 6타에 들어 있는 연필은 72 자루입니다.

③ 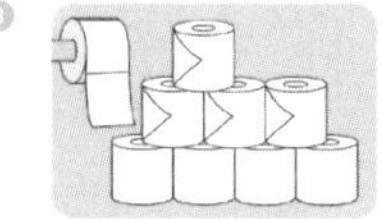

민지네 가족은 1달에 9개의 화장지를 사용합니다. 민지네 가족이 1년 동안 사용하는 화장지는 108 개입니다. (1년=12달)

④ 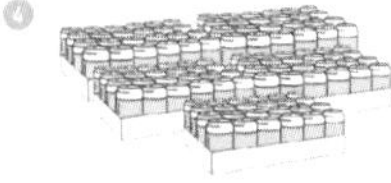

1박스에 24개씩 들어 있는 음료수가 5박스 있습니다. 음료수는 모두 120 개입니다.

45 꿀떡! 연산 간식

집중 시간 3

곱셈식이 모두 맞는 사다리를 타고 올라가야 고양이가 지붕 위의 생선을 먹을 수 있어요. 고양이가 타고 올라갈 사다리 번호에 ○표 하세요.

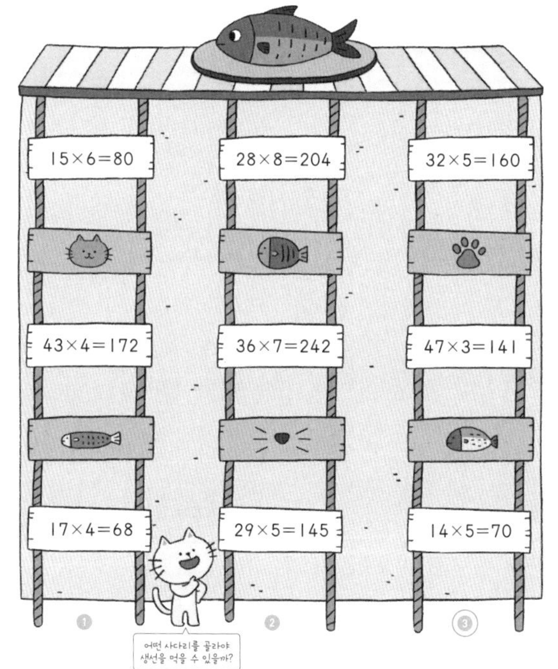
15×6=80
28×8=204
32×5=160
43×4=172
36×7=242
47×3=141
17×4=68
29×5=145
14×5=70
①
②
③
어떤 사다리를 골라야
생선을 먹을 수 있을까?

113쪽

넷째 마당 통과 문제

• 틀린 문제는 꼭 다시 확인하고 넘어가요!

□ 안에 알맞은 수를 써넣으세요.

31차시 ❶ $30 \times 2 = \boxed{60}$

33차시 ❷ $32 \times 3 = \boxed{96}$

35차시 ❸ $62 \times 3 = \boxed{186}$

35차시 ❹ $21 \times 5 = \boxed{105}$

38차시 ❺ $28 \times 2 = \boxed{56}$

38차시 ❻ $46 \times 2 = \boxed{92}$

41차시 ❼ $42 \times 6 = \boxed{252}$

41차시 ❽ $83 \times 5 = \boxed{415}$

34차시 ❾ $23\times3=\boxed{69}$

37차시 ❿ $61\times6=\boxed{366}$

37차시 ⓫ $51\times7=\boxed{357}$

40차시 ⓬ $39\times2=\boxed{78}$

43차시 ⓭ $92\times5=\boxed{460}$

43차시 ⓮ $76\times8=\boxed{608}$

45차시 ⓯ 1통에 18개씩 들어 있는 사탕이 4통 있습니다. 사탕은 모두 [72]개입니다.

넷째 마당 정복!
다섯째 마당으로 가 보자고

117~118쪽

46 1 cm는 10 mm, 1 km는 1000 m

□ 안에 알맞은 수를 써넣으세요.

1 cm=10 mm

* 1 mm는 1 cm를 10칸으로 똑같이 나누었을 때 작은 눈금 한 칸의 길이(■)입니다.

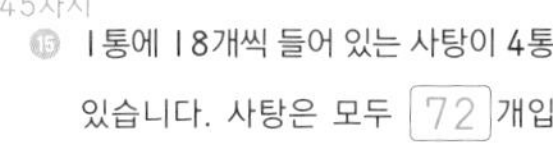

❶ 3 cm=[30] mm

❷ 2 cm 3 mm=[23] mm

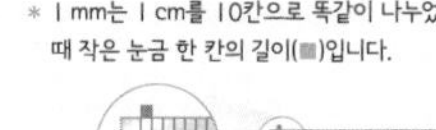

❸ 4 cm 8 mm=[48] mm

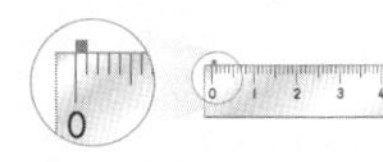

❹ 5 cm 3 mm=[53] mm

❺ 6 cm 1 mm=[61] mm

❻ 17 mm=[1] cm [7] mm

❼ 24 mm=[2] cm [4] mm

❽ 38 mm=[3] cm [8] mm

❾ 47 mm=[4] cm [7] mm

❿ 59 mm=[5] cm [9] mm

⓫ 65 mm=[6] cm [5] mm

1 km=1000 m

❶ 2 km=[2000] m

❷ 5 km=[5000] m

❸ 5 km 300 m=[5300] m

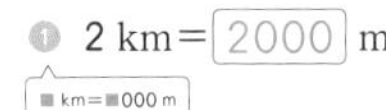

❹ 4 km 800 m=[4800] m

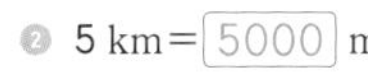

❺ 7 km 500 m=[7500] m

❻ 8 km 20 m=[8020] m

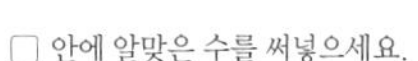

❼ 2700 m=[2] km [700] m

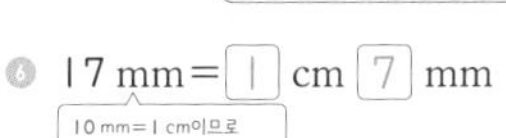

❽ 3400 m=[3] km [400] m

❾ 6700 m=[6] km [700] m

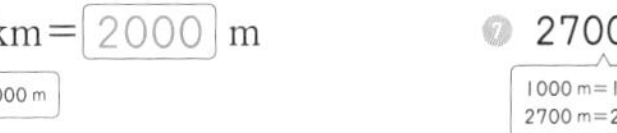

❿ 8300 m=[8] km [300] m

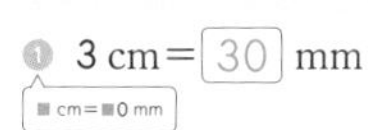

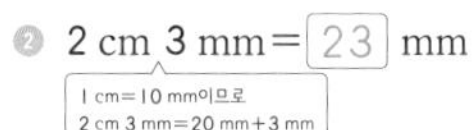

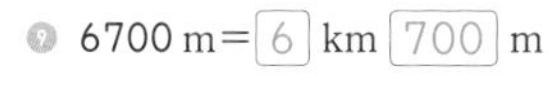

앗! 실수

⓫ 1050 m=[1] km [50] m

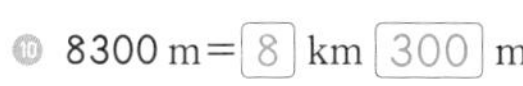

⓬ 9003 m=[9] km [3] m

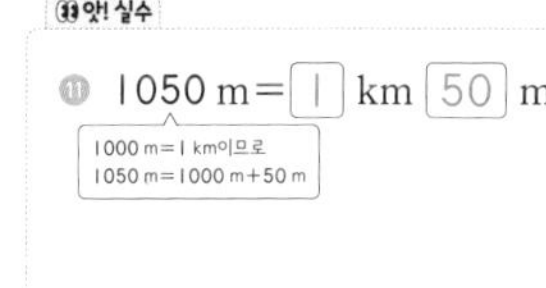

119~120쪽

47 1분은 60초, 2분은 120초

집중 시간 2

□ 안에 알맞은 수를 써넣으세요.

1분=60초

① 1분=60초

② 2분=120초
(1분+1분=60초+60초)

③ 5분=300초

④ 7분=420초

⑤ 1분 30초=90초
(1분은 60초이므로 1분 30초=60초+30초)

⑥ 2분 10초=130초

⑦ 3분 15초=195초

⑧ 4분 20초=260초

⑨ 5분 25초=325초

⑩ 6분 50초=410초

⑪ 8분 30초=510초

⑫ 9분 45초=585초

47

□ 안에 알맞은 수를 써넣으세요.

* 시간은 6단 곱셈구구를 외우면서 풀어요.

240초=4분

60×2=120초, 60×3=180초,
60×4=240초 ……

① 180초=3분
(60초+60초+60초=1분+1분+1분)

② 90초=1분 30초
(60초+30초)

③ 100초=1분 40초

④ 125초=2분 5초

⑤ 150초=2분 30초

⑥ 200초=3분 20초

⑦ 250초=4분 10초

⑧ 310초=5분 10초

⑨ 400초=6분 40초

⑩ 450초=7분 30초

⑪ 500초=8분 20초

121~122쪽

48 초끼리, 분끼리, 시끼리 더하자

집중 시간 2

시간의 합을 구하세요.

① 2분 10초 + 3분 15초 = 5분 25초
(❷ 2+3=5, ❶ 10+15=25)

② 3분 20초 + 4분 25초 = 7분 45초

③ 5분 13초 + 3분 19초 = 8분 32초

④ 6분 15초 + 5분 35초 = 11분 50초

⑤ 10분 25초 + 2분 25초 = 12분 50초

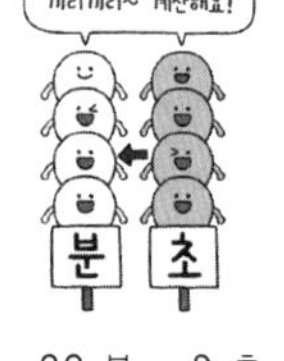

끼리끼리~ 계산해요!
분
초

⑥ 22분 8초 + 10분 24초 = 32분 32초

⑦ 28분 25초 + 25분 15초 = 53분 40초

⑧ 37분 37초 + 15분 8초 = 52분 45초

⑨ 16분 18초 + 39분 24초 = 55분 42초

48

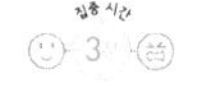

시간의 합을 구하세요.

* 시간의 합
  - (시각)+(시간)=(시각)
  - (시간)+(시간)=(시간)

① 3시 12분 + 1시간 10분 = 4시 22분
((시각)+(시간)=(시각))

② 5시 17분 19초 + 3시간 23분 5초 = 8시 40분 24초

③ 4시 5분 32초 + 2시간 18분 13초 = 6시 23분 45초

④ 2시 12분 40초 + 8시간 8분 5초 = 10시 20분 45초

⑤ 7시간 20분 + 3시간 30분 = 10시간 50분
((시간)+(시간)=(시간))

⑥ 10시간 5분 + 2시간 30분 = 12시간 35분

⑦ 3시간 27분 12초 + 4시간 15분 28초 = 7시간 42분 40초

⑧ 3시간 20분 17초 + 5시간 14분 15초 = 8시간 34분 32초

⑨ 10시간 15분 48초 + 11시간 40분 10초 = 21시간 55분 58초

49 60초는 1분, 60분은 1시간으로 받아올림하자

※ 시간의 합을 구하세요.

3 분 45 초
+ 2 분 20 초
5 분 65 초
1분 — 60초 5초
➡ 6 분 5 초

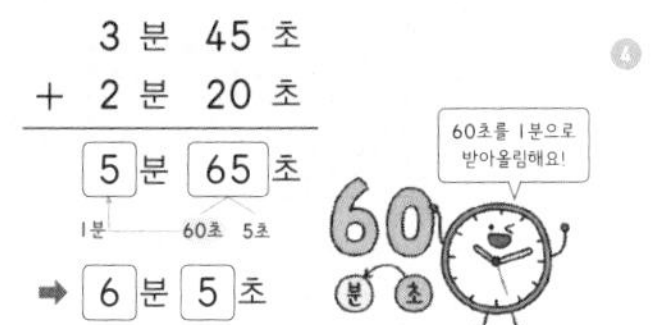
60초를 1분으로 받아올림해요!
60
분
초

④ 15 분 29 초 + 14 분 42 초
29 분 71 초
➡ 30 분 11 초

① 2 분 40 초 + 4 분 30 초
6 분 70 초
➡ 7 분 10 초

⑤ 18 분 32 초 + 21 분 46 초
39 분 78 초
➡ 40 분 18 초

② 3 분 55 초 + 4 분 8 초
7 분 63 초
➡ 8 분 3 초

⑥ 27 분 43 초 + 12 분 34 초
39 분 77 초
➡ 40 분 17 초

③ 10 분 25 초 + 5 분 38 초
15 분 63 초
➡ 16 분 3 초

⑦ 31 분 19 초 + 19 분 50 초
50 분 69 초
➡ 51 분 9 초

49

※ 시간의 합을 구하세요.

① 2 시 40 분 + 1 시간 30 분
3 시 70 분
1시간 — 60분 10분
➡ 4 시 10 분

⑤ 1 시간 20 분 + 3 시간 46 분
4 시간 66 분
➡ 5 시간 6 분

② 2 시 50 분 12 초 + 3 시간 30 분 6 초
5 시 80 분 18 초
➡ 6 시 20 분 18 초

⑥ 4 시간 49 분 5 초 + 1 시간 30 분 13 초
5 시간 79 분 18 초
➡ 6 시간 19 분 18 초

③ 3 시 25 분 19 초 + 3 시간 40 분 4 초
6 시 65 분 23 초
➡ 7 시 5 분 23 초

⑦ 3 시간 52 분 13 초 + 2 시간 15 분 30 초
5 시간 67 분 43 초
➡ 6 시간 7 분 43 초

④ 2 시 55 분 27 초 + 8 시간 15 분 3 초
10 시 70 분 30 초
➡ 11 시 10 분 30 초

앗! 실수

⑧ 5 시간 33 분 16 초 + 4 시간 57 분 8 초
9 시간 90 분 24 초
➡ 10 시간 30 분 24 초

50 받아올림이 있는 시간 계산 한 번 더!

※ 시간의 합을 구하세요.

* 받아올림이 있는 시간의 합도 바로 계산하는 방법

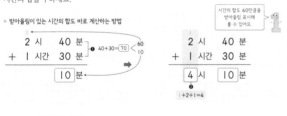

1
2 시 40 분
+ 1 시간 30 분
4 시 10 분
❶ 40+30=70 < 60, 10
❷ 1+2+1=4

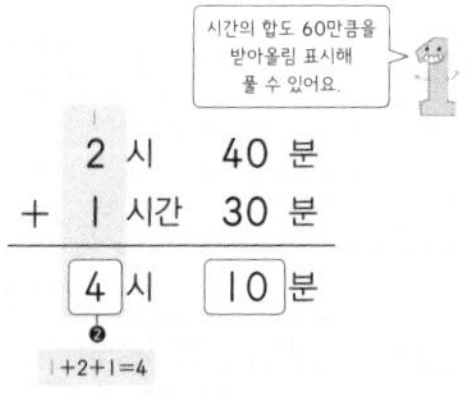
시간의 합도 60만큼을 받아올림 표시해 볼 수 있어요.

① 1 ← 분에서 받아올림한 수
2 시 40 분 + 2 시간 30 분
5 시 10 분

분끼리 더한 수를 살짝 써 놓고 받아올림을 해 봐요.

④ 5 시간 55 분 + 2 시간 20 분
8 시간 15 분

② 2 시 45 분 + 5 시간 20 분
8 시 5 분

⑤ 3 시간 50 분 + 2 시간 15 분
6 시간 5 분

③ 3 시 35 분 + 5 시간 45 분
9 시 20 분

⑥ 4 시간 20 분 + 4 시간 57 분
9 시간 17 분

50

※ 시간의 합을 구하세요.

① 3 시 20 분 + 1 시간 50 분
5 시 10 분

⑤ 2 시간 40 분 + 2 시간 56 분
5 시간 36 분

② 3 시 40 분 23 초 + 4 시간 50 분 9 초
8 시 30 분 32 초

⑥ 3 시간 23 분 9 초 + 2 시간 47 분 25 초
6 시간 10 분 34 초

③ 4 시 45 분 20 초 + 3 시간 20 분 9 초
8 시 5 분 29 초

⑦ 5 시간 52 분 16 초 + 2 시간 38 분 40 초
8 시간 30 분 56 초

④ 4 시 45 분 37 초 + 6 시간 25 분 3 초
11 시 10 분 40 초

⑧ 5 시간 37 분 36 초 + 3 시간 43 분 9 초
9 시간 20 분 45 초

127~128쪽

51 초끼리, 분끼리, 시끼리 빼자

시간의 차를 구하세요.

* 시간의 차
  • (시각)−(시간)=(시각)
  • (시각)−(시각)=(시간)
  • (시간)−(시간)=(시간)

① 3 분 20 초 − 2 분 5 초 = [1]분 [15]초

② 5 분 30 초 − 4 분 20 초 = [1]분 [10]초

③ 20 분 42 초 − 5 분 15 초 = [15]분 [27]초

④ 15 분 30 초 − 7 분 15 초 = [8]분 [15]초

⑤ 32 분 32 초 − 25 분 19 초 = [7]분 [13]초

⑥ 4 시 50 분 − 2 시간 15 분 = [2]시 [35]분 (시각)−(시간)=(시각)

⑦ 6 시 15 분 10 초 − 2 시간 10 분 3 초 = [4]시 [5]분 [7]초

⑧ 7 시 30 분 25 초 − 2 시간 15 분 10 초 = [5]시 [15]분 [15]초

⑨ 8 시 35 분 40 초 − 1 시간 18 분 15 초 = [7]시 [17]분 [25]초

51

시간의 차를 구하세요.

① 4 시 20 분 − 1 시 10 분 = [3]시간 [10]분 (시각)−(시각)=(시간)

② 5 시 30 분 − 3 시 15 분 = [2]시간 [15]분

③ 3 시 38 분 40 초 − 1 시 15 분 15 초 = [2]시간 [23]분 [25]초

④ 6 시 23 분 20 초 − 4 시 12 분 8 초 = [2]시간 [11]분 [12]초

⑤ 4 시 40 분 51 초 − 3 시 25 분 35 초 = [1]시간 [15]분 [16]초

⑥ 10 시간 42 분 − 3 시간 25 분 = [7]시간 [17]분 (시간)−(시간)=(시간)

⑦ 9 시간 47 분 − 4 시간 29 분 = [5]시간 [18]분

⑧ 12 시간 15 분 30 초 − 10 시간 8 분 12 초 = [2]시간 [7]분 [18]초

⑨ 5 시간 28 분 24 초 − 3 시간 13 분 16 초 = [2]시간 [15]분 [8]초

⑩ 6 시간 50 분 30 초 − 3 시간 17 분 6 초 = [3]시간 [33]분 [24]초

129~130쪽

52 1분은 60초, 1시간은 60분으로 받아내림하자

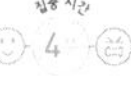

시간의 차를 구하세요.

1분을 60초로 받아내림해요!

1시간을 60분으로 받아내림해요!

① 4 분 30 초 − 2 분 50 초 = [1]분 [40]초 (3−2, 60+30−50)

② 7 분 25 초 − 2 분 40 초 = [4]분 [45]초

③ 15 분 35 초 − 10 분 47 초 = [4]분 [48]초

④ 20 분 27 초 − 15 분 40 초 = [4]분 [47]초

⑤ 35 분 12 초 − 9 분 30 초 = [25]분 [42]초

⑥ 3 시 40 분 − 1 시간 50 분 = [1]시 [50]분 (2−1, 60+40−50)

⑦ 4 시 5 분 − 2 시간 13 분 = [1]시 [52]분

⑧ 6 시 25 분 30 초 − 3 시간 50 분 14 초 = [2]시 [35]분 [16]초 (5−3, 60+25−50, 30−14)

⑨ 5 시 40 분 28 초 − 1 시간 55 분 13 초 = [3]시 [45]분 [15]초

⑩ 9 시 26 분 6 초 − 4 시간 40 분 5 초 = [4]시 [46]분 [1]초

52

시간의 차를 구하세요.

① 4 시 35 분 − 2 시 45 분 = [1]시간 [50]분

② 5 시 8 분 − 3 시 45 분 = [1]시간 [23]분

③ 6 시 15 분 30 초 − 2 시 40 분 18 초 = [3]시간 [35]분 [12]초

④ 8 시 20 분 37 초 − 4 시 55 분 14 초 = [3]시간 [25]분 [23]초

⑤ 9 시 34 분 8 초 − 5 시 45 분 6 초 = [3]시간 [49]분 [2]초

⑥ 6 시간 23 분 − 2 시간 45 분 = [3]시간 [38]분

⑦ 7 시간 35 분 18 초 − 5 시간 58 분 10 초 = [1]시간 [37]분 [8]초

⑧ 8 시간 25 분 55 초 − 3 시간 45 분 50 초 = [4]시간 [40]분 [5]초

⑨ 9 시간 30 분 48 초 − 3 시간 44 분 30 초 = [5]시간 [46]분 [18]초

앗! 실수

⑩ 10 시간 30 분 55 초 − 6 시간 35 분 45 초 = [3]시간 [55]분 [10]초

131~132쪽

53 받아내림이 있는 시간 계산 한 번 더!

※ 시간의 차를 구하세요.

❶ 5 시 20 분 − 1 시 45 분 = 3 시간 35 분

❷ 4 시 10 분 − 2 시 20 분 = 1 시간 50 분

❸ 8 시 25 분 40 초 − 4 시 30 분 18 초 = 3 시간 55 분 22 초

❹ 7 시 40 분 29 초 − 3 시 55 분 15 초 = 3 시간 45 분 14 초

❺ 8 시 15 분 9 초 − 2 시 35 분 4 초 = 5 시간 40 분 5 초

❻ 9 시간 32 분 − 5 시간 53 분 = 3 시간 39 분

받아내림을 표시해 풀면 실수를 줄일 수 있어요!

❼ 7 시간 45 분 20 초 − 3 시간 59 분 10 초 = 3 시간 46 분 10 초

❽ 8 시간 15 분 40 초 − 3 시간 55 분 25 초 = 4 시간 20 분 15 초

❾ 6 시간 44 분 32 초 − 2 시간 50 분 20 초 = 3 시간 54 분 12 초

❿ 9 시간 20 분 45 초 − 3 시간 25 분 35 초 = 5 시간 55 분 10 초

53

※ 시간의 차를 구하세요.

❶ 5 시 14 분 − 3 시 32 분 = 1 시간 42 분

❷ 9 시 9 분 − 3 시 23 분 = 5 시간 46 분

❸ 6 시 40 분 20 초 − 3 시 57 분 3 초 = 2 시간 43 분 17 초

❹ 8 시 32 분 45 초 − 5 시 48 분 11 초 = 2 시간 44 분 34 초

❺ 4 시 29 분 3 초 − 1 시 50 분 1 초 = 2 시간 39 분 2 초

❻ 5 시간 17 분 − 2 시간 32 분 = 2 시간 45 분

❼ 9 시간 26 분 29 초 − 5 시간 35 분 11 초 = 3 시간 51 분 18 초

❽ 7 시간 25 분 23 초 − 3 시간 57 분 10 초 = 3 시간 28 분 13 초

❾ 6 시간 50 분 30 초 − 2 시간 59 분 15 초 = 3 시간 51 분 15 초

앗! 실수

❿ 10 시간 20 분 35 초 − 5 시간 49 분 16 초 = 4 시간 31 분 19 초

133~134쪽

54 생활 속 연산 – 길이와 시간

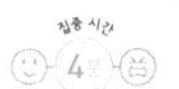

※ 그림을 보고 ☐ 안에 알맞은 수를 써넣으세요.

❶ 

한라산의 높이는 약 1 km 950 m으로 1950 m입니다.

❷ 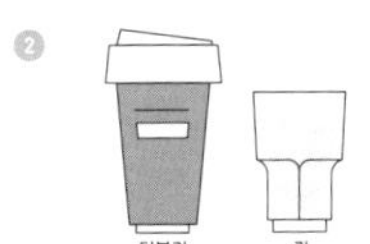
텀블러
컵

텀블러의 길이는 18 cm 5 mm으로 185 mm이고, 컵의 길이는 128 mm로 12 cm 8 mm입니다.

❸ 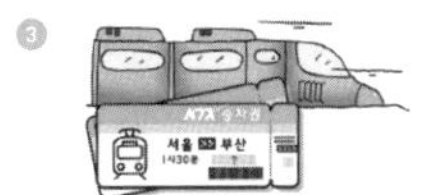

서울역에서 오후 1시 30분에 출발한 KTX 열차는 2시간 40분 후인 오후 4 시 10 분에 부산역에 도착합니다.

❹ 

운동회가 오전 9시 20분에 시작해서 낮 12시 10분에 끝났습니다. 운동회가 진행된 시간은 2 시간 50 분입니다.

54 꿀먹! 연산 간식

※ 동물 친구들이 기차를 타고 여행을 가려고 합니다. 도착하는 데 걸리는 시간과 같은 시계를 찾아 선으로 이어 보세요.

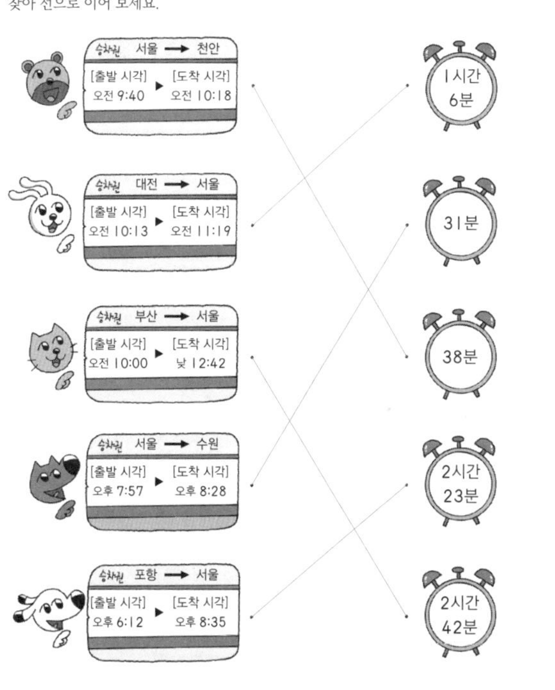
승차권 서울 → 천안
[출발 시각] 오전 9:40 [도착 시각] 오전 10:18
승차권 대전 → 서울
[출발 시각] 오전 10:13 [도착 시각] 오전 11:19
승차권 부산 → 서울
[출발 시각] 오전 10:00 [도착 시각] 낮 12:42
승차권 서울 → 수원
[출발 시각] 오후 7:57 [도착 시각] 오후 8:28
승차권 포항 → 서울
[출발 시각] 오후 6:12 [도착 시각] 오후 8:35
1시간 6분
31분
38분
2시간 23분
2시간 42분

135쪽

다섯째 마당 통과 문제

• 틀린 문제는 꼭 다시 확인하고 넘어가요!

□ 안에 알맞은 수를 써넣으세요.

46차시
① 40 mm = 4 cm

46차시
② 67 mm = 6 cm 7 mm

46차시
③ 5 cm 3 mm = 53 mm

46차시
④ 3400 m = 3 km 400 m

46차시
⑤ 5 km 300 m = 5300 m

46차시
⑥ 7 km 20 m = 7020 m

47차시
⑦ 2분 45초 = 165 초

47차시
⑧ 215초 = 3 분 35 초

47차시
⑨ 520초 = 8 분 40 초

48차시
⑩ 4 분 20 초 + 5 분 10 초 = 9 분 30 초

51차시
⑪ 5 시간 40 분 30 초 − 2 시간 10 분 20 초 = 3 시간 30 분 10 초

49차시
⑫ 3 시간 32 분 20 초 + 2 시간 40 분 30 초 = 5 시간 72 분 50 초 ➡ 6 시간 12 분 50 초

50차시
⑬ 2 시 45 분 + 3 시간 20 분 = 6 시 5 분

53차시
⑭ 4 시간 27 분 10 초 − 1 시간 50 분 20 초 = 2 시간 36 분 50 초

다섯째 마당 정복!
여섯째 마당으로 가 보자고

139~140쪽

55 분수는 전체에 대한 부분을 나타낸 수

색칠한 부분을 나타낸 분수를 찾아 ○표 하세요.

▲ ← 색칠한 부분의 수
■ ← 전체를 똑같이 나누는 수

① 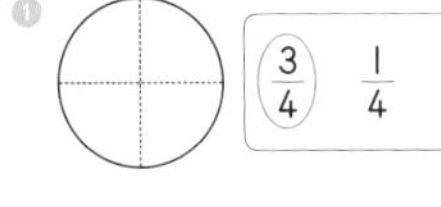 $\frac{3}{4}$ (○), $\frac{1}{4}$, $\frac{1}{3}$

② 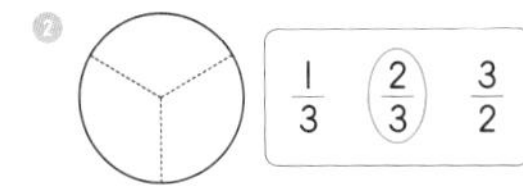 $\frac{1}{3}$, $\frac{2}{3}$ (○), $\frac{3}{2}$

③ 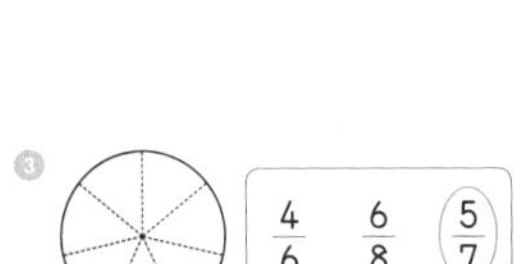 $\frac{4}{6}$, $\frac{6}{8}$, $\frac{5}{7}$ (○)

④ 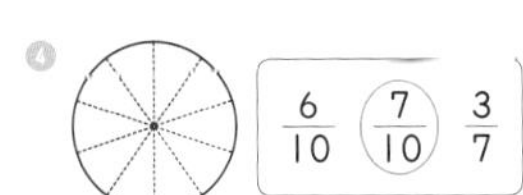 $\frac{6}{10}$, $\frac{7}{10}$ (○), $\frac{3}{7}$

⑤ 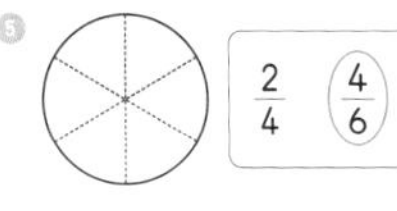 $\frac{2}{4}$, $\frac{4}{6}$ (○), $\frac{6}{4}$

⑥ 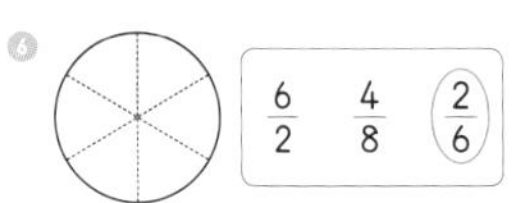 $\frac{6}{2}$, $\frac{4}{8}$, $\frac{2}{6}$ (○)

분수는 엄마가 자식을 업고 있는 모습에서 나왔어요.

⑦ 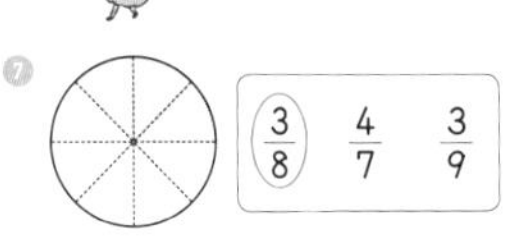 $\frac{3}{8}$ (○), $\frac{4}{7}$, $\frac{3}{9}$

⑧ 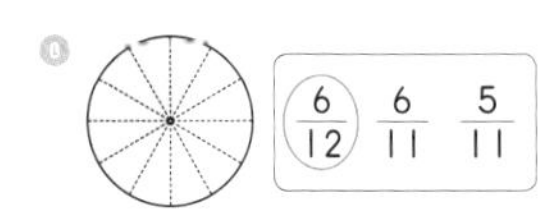 $\frac{6}{12}$ (○), $\frac{6}{11}$, $\frac{5}{11}$

55

색칠한 부분을 분수로 쓰고, 읽어 보세요.

①  쓰기 $\frac{1}{2}$ 읽기 2 분의 1
분모를 먼저 읽어요!

②  쓰기 $\frac{2}{3}$ 읽기 3 분의 2

③ 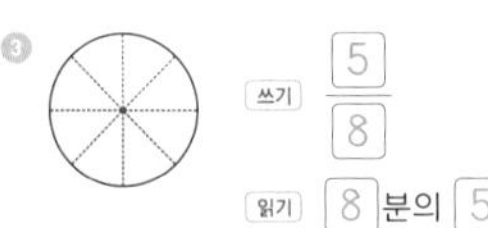 쓰기 $\frac{5}{8}$ 읽기 8 분의 5

④ 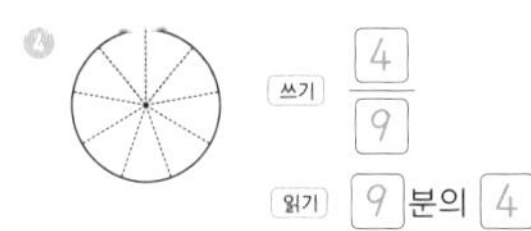 쓰기 $\frac{4}{9}$ 읽기 9 분의 4

⑤ 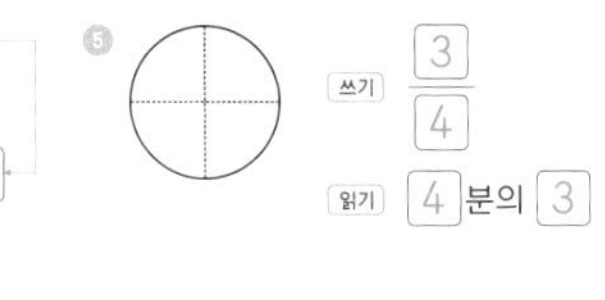 쓰기 $\frac{3}{4}$ 읽기 4 분의 3

⑥ 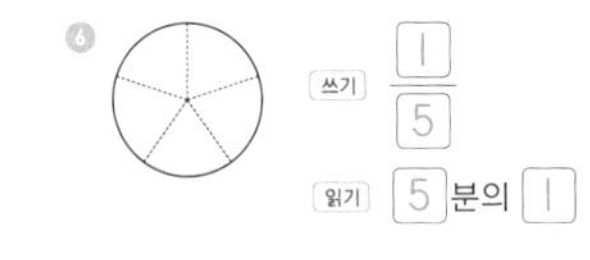 쓰기 $\frac{1}{5}$ 읽기 5 분의 1

⑦ 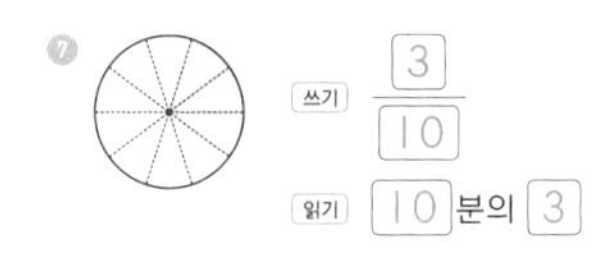 쓰기 $\frac{3}{10}$ 읽기 10 분의 3

⑧ 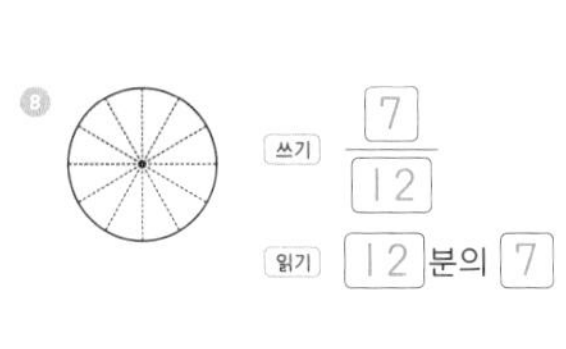 쓰기 $\frac{7}{12}$ 읽기 12 분의 7

141~142쪽

56 분모가 같을 땐 분자가 클수록 더 큰 수!

집중 시간 2

분수만큼 색칠하고, ○ 안에 >, < 중 알맞은 것을 써넣으세요.

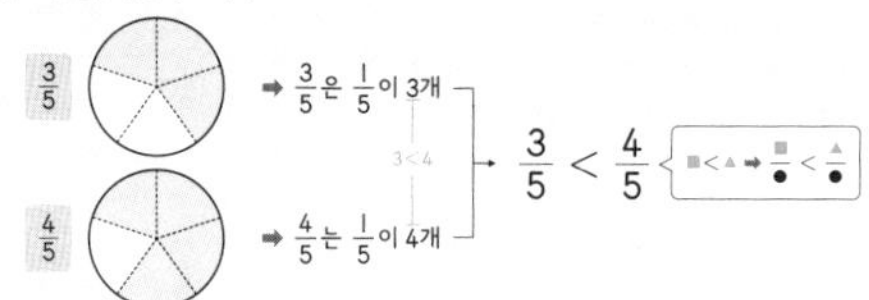
분모가 같은 분수의 크기 비교
3/5은 1/5이 3개
4/5는 1/5이 4개
3<4
3/5 < 4/5
■<▲ ➡ ■/● < ▲/●

➡ 분모가 같은 분수는 단위분수의 개수가 많을수록 더 커요. 즉, 분자가 클수록 더 커요.

① 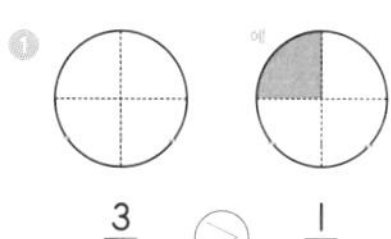

$\frac{3}{4}$ (>) $\frac{1}{4}$

④ 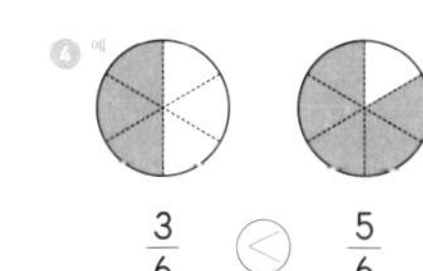

$\frac{3}{6}$ (<) $\frac{5}{6}$

② 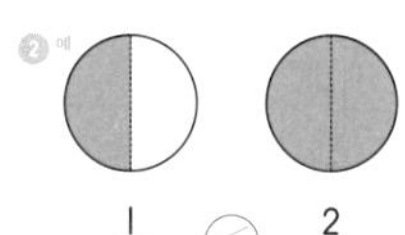

$\frac{1}{2}$ (<) $\frac{2}{2}$

⑤ 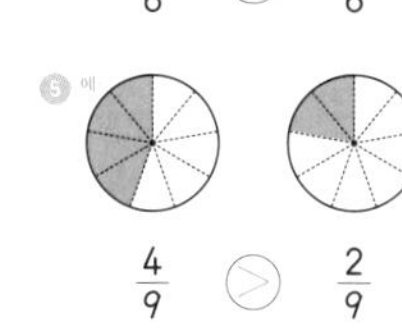

$\frac{4}{9}$ (>) $\frac{2}{9}$

③ 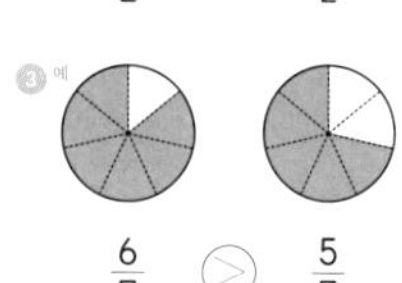

$\frac{6}{7}$ (>) $\frac{5}{7}$

⑥ 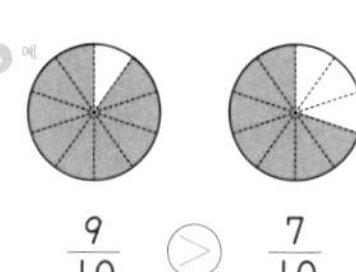

$\frac{9}{10}$ (>) $\frac{7}{10}$

56

집중 시간 2

두 분수의 크기를 비교하여 ○ 안에 >, < 중 알맞은 것을 써넣으세요.

① $\frac{3}{7}$ (<) $\frac{4}{7}$

② $\frac{3}{5}$ (>) $\frac{2}{5}$

③ $\frac{11}{21}$ (<) $\frac{12}{21}$

④ $\frac{9}{13}$ (<) $\frac{11}{13}$

⑤ $\frac{1}{6}$ (<) $\frac{5}{6}$

⑥ $\frac{3}{8}$ (>) $\frac{1}{8}$

⑦ $\frac{3}{4}$ (>) $\frac{1}{4}$

■ < ▲ ➡ ■/● < ▲/●

⑧ $\frac{2}{9}$ (<) $\frac{5}{9}$

⑨ $\frac{20}{23}$ (>) $\frac{13}{23}$

⑩ $\frac{4}{15}$ (<) $\frac{11}{15}$

⑪ $\frac{11}{17}$ (<) $\frac{15}{17}$

⑫ $\frac{4}{10}$ (<) $\frac{9}{10}$

143~144쪽

57 단위분수는 분모가 작을수록 더 큰 수!

집중 시간 2

분수만큼 색칠하고, ○ 안에 >, <중 알맞은 것을 써넣으세요.

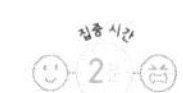

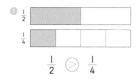

① $\frac{1}{2}$, $\frac{1}{4}$

$\frac{1}{2}$ (>) $\frac{1}{4}$

④ $\frac{1}{3}$, $\frac{1}{5}$

$\frac{1}{3}$ (>) $\frac{1}{5}$

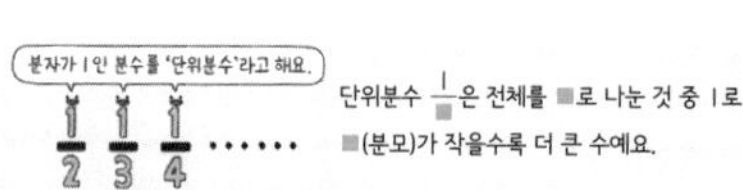
분자가 1인 분수를 '단위분수'라고 해요.
단위분수 1/■은 전체를 ■로 나눈 것 중 1로
■(분모)가 작을수록 더 큰 수예요.

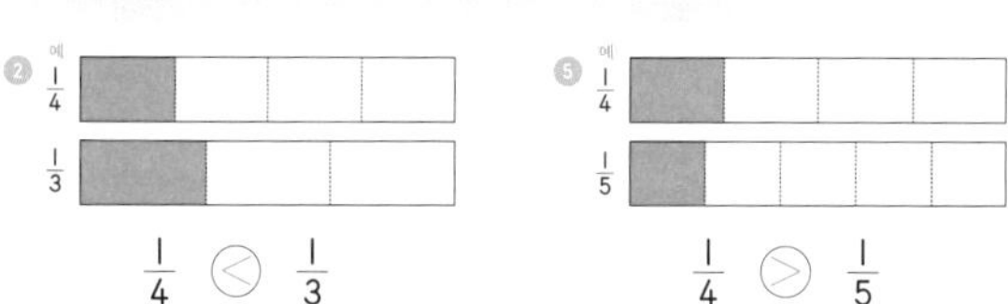

② $\frac{1}{4}$, $\frac{1}{3}$

$\frac{1}{4}$ (<) $\frac{1}{3}$

⑤ $\frac{1}{4}$, $\frac{1}{5}$

$\frac{1}{4}$ (>) $\frac{1}{5}$

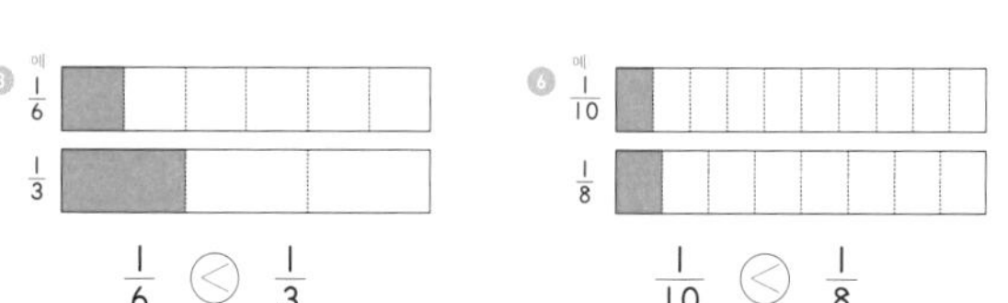

③ $\frac{1}{6}$, $\frac{1}{3}$

$\frac{1}{6}$ (<) $\frac{1}{3}$

⑥ $\frac{1}{10}$, $\frac{1}{8}$

$\frac{1}{10}$ (<) $\frac{1}{8}$

57

집중 시간 3

두 분수의 크기를 비교하여 ○ 안에 >, <중 알맞은 것을 써넣으세요.

단위분수는 분모가 작을수록 더 큰 수예요.

① $\frac{1}{2}$ (>) $\frac{1}{3}$

② $\frac{1}{8}$ (>) $\frac{1}{10}$

③ $\frac{1}{5}$ (>) $\frac{1}{7}$

④ $\frac{1}{13}$ (<) $\frac{1}{11}$

⑤ $\frac{1}{9}$ (<) $\frac{1}{6}$

⑥ $\frac{1}{17}$ (<) $\frac{1}{14}$

⑦ $\frac{1}{6}$ (<) $\frac{1}{4}$

⑧ $\frac{1}{12}$ (>) $\frac{1}{15}$

⑨ $\frac{1}{8}$ (<) $\frac{1}{7}$

⑩ $\frac{1}{10}$ (>) $\frac{1}{20}$

⑪ $\frac{1}{13}$ (<) $\frac{1}{12}$

⑫ $\frac{1}{10}$ (>) $\frac{1}{11}$

145~146쪽

58 소수도 전체에 대한 부분을 나타낸 수

집중 시간 3분

색칠한 부분을 소수로 쓰고, 읽어 보세요.

① 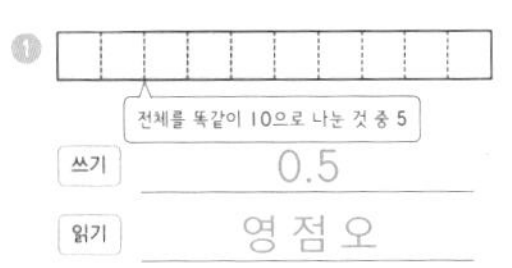
전체를 똑같이 10으로 나눈 것 중 5

쓰기 0.5
읽기 영 점 오

0.5 영 점 오

④ 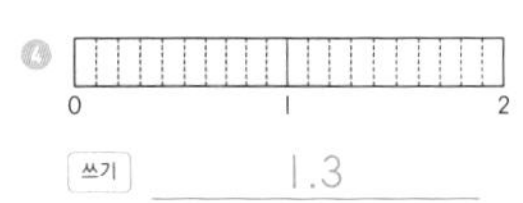
0
1
2

쓰기 1.3
읽기 일 점 삼

② 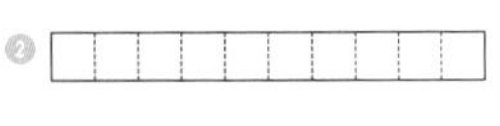

쓰기 0.7
읽기 영 점 칠

⑤ 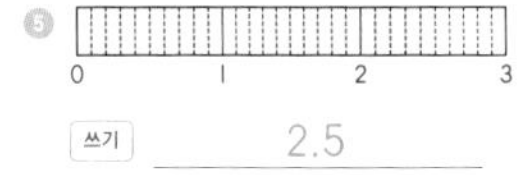
0
1
2
3

쓰기 2.5
읽기 이 점 오

③ 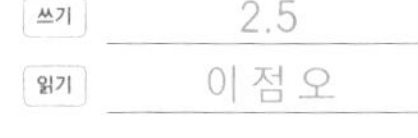

쓰기 0.9
읽기 영 점 구

⑥ 
0
1
2

쓰기 1.6
읽기 일 점 육

58

집중 시간 3분

알맞은 소수를 쓰세요.

0.1이 ■개 ➡ 0.■
0.1이 ■▲개 ➡ ■.▲
■와 0.▲만큼인 수 ➡ ■.▲

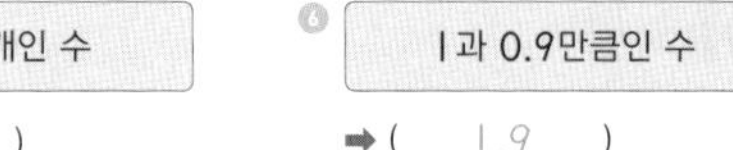

① 0.1이 4개인 수 ➡ (0.4)

② 0.1이 7개인 수 ➡ (0.7)

③ 0.1이 21개인 수 ➡ (2.1)

④ 0.1이 14개인 수 ➡ (1.4)

⑤ 0.1이 40개인 수 ➡ (4)

소수의 오른쪽 끝자리 0은 생략할 수 있어요. 4.0=4

⑥ 1과 0.9만큼인 수 ➡ (1.9)

⑦ 2와 0.7만큼인 수 ➡ (2.7)

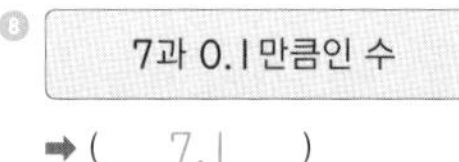
⑧ 7과 0.1만큼인 수 ➡ (7.1)

⑨ 3과 0.4만큼인 수 ➡ (3.4)

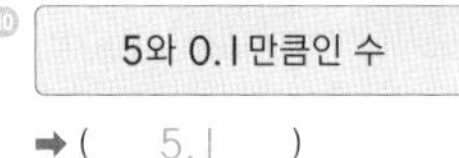
⑩ 5와 0.1만큼인 수 ➡ (5.1)

147~148쪽

59 소수의 크기를 비교하는 두 가지 방법

집중 시간 3분

두 소수를 수직선에 각각 ↓로 표시하고, ○ 안에 >, < 중 알맞은 것을 써넣으세요.

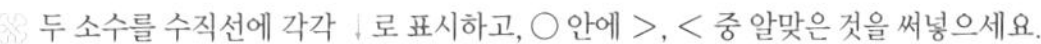

* 1보다 작은 소수의 크기 비교
  – 0.1의 개수가 더 많은 수가 더 커요.

0.7, 0.4 ➡ 0.7 > 0.4 (7>4)

* 1보다 큰 소수의 크기 비교
  – 소수점 왼쪽의 수가 더 큰 수가 더 커요.

2.3, 1.7 ➡ 2.3 > 1.7 (2>1)

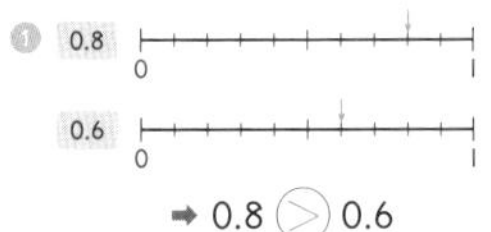
① 0.8, 0.6 ➡ 0.8 > 0.6

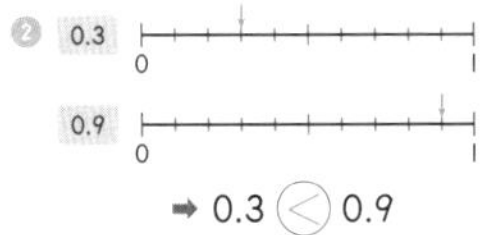
② 0.3, 0.9 ➡ 0.3 < 0.9

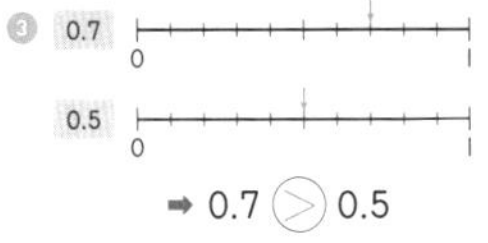
③ 0.7, 0.5 ➡ 0.7 > 0.5

④ 1.1, 0.9 ➡ 1.1 > 0.9

⑤ 3.6, 2.7 ➡ 3.6 > 2.7

⑥ 5.4, 6.5 ➡ 5.4 < 6.5

59

집중 시간 3분

두 소수의 크기를 비교하여 ○ 안에 >, < 중 알맞은 것을 써넣으세요.

0.1이 몇 개인지 비교하면 쉬워.

① 0.3 < 0.7 (0.1이 3개, 0.1이 7개)

② 5.4 > 4.9 (0.1이 54개, 0.1이 49개)

③ 2.1 > 1.9

④ 1.8 < 2.9

⑤ 3.6 < 3.9

⑥ 4.8 < 5.7

⑦ 3.7 > 2.9

⑧ 5.5 > 5.2

⑨ 4.3 < 4.6

⑩ 0.3 < 1.1

149~150쪽

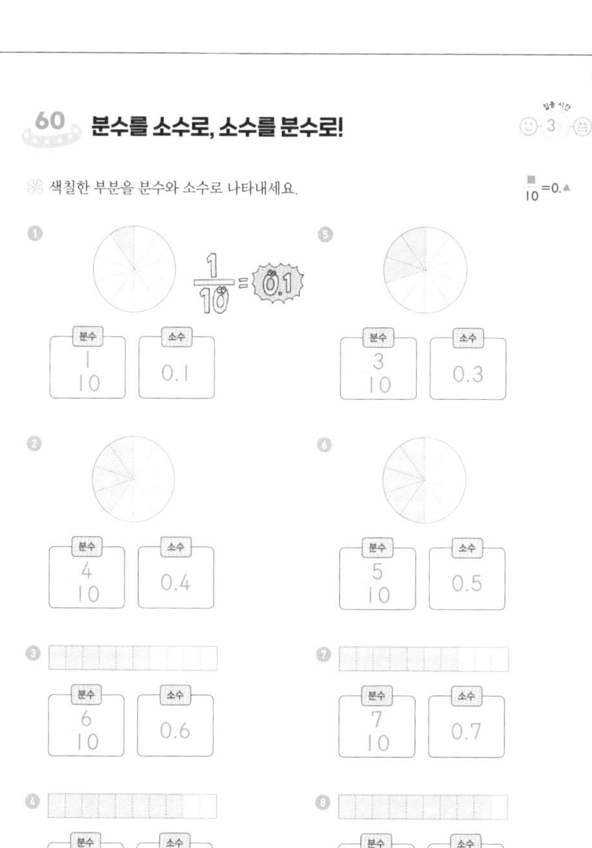

60 분수를 소수로, 소수를 분수로!

집중 시간 3

※ 색칠한 부분을 분수와 소수로 나타내세요.

$\frac{■}{10}$=0.▲

$\frac{1}{10}$ = 0.1

① 분수 $\frac{1}{10}$ 소수 0.1

② 분수 $\frac{4}{10}$ 소수 0.4

③ 분수 $\frac{6}{10}$ 소수 0.6

④ 분수 $\frac{8}{10}$ 소수 0.8

⑤ 분수 $\frac{3}{10}$ 소수 0.3

⑥ 분수 $\frac{5}{10}$ 소수 0.5

⑦ 분수 $\frac{7}{10}$ 소수 0.7

⑧ 분수 $\frac{9}{10}$ 소수 0.9

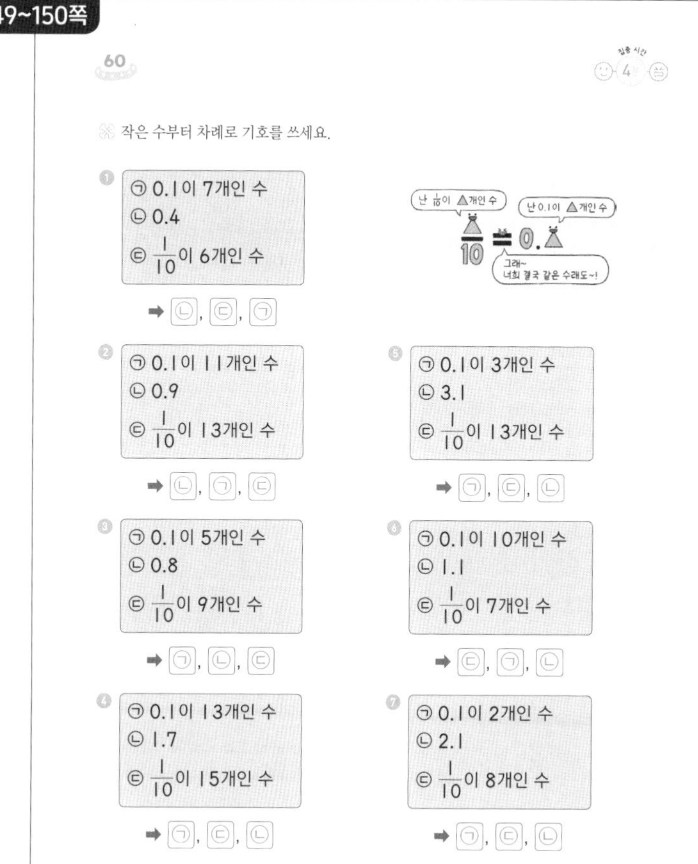

60

집중 시간 4

※ 작은 수부터 차례로 기호를 쓰세요.

난 $\frac{1}{10}$이 ▲개인 수
난 0.1이 ▲개인 수
$\frac{▲}{10}$ = 0.▲
그래~ 너희 결국 같은 수래도~!

① ㉠ 0.1이 7개인 수 ㉡ 0.4 ㉢ $\frac{1}{10}$이 6개인 수 ➡ ㉡, ㉢, ㉠

② ㉠ 0.1이 11개인 수 ㉡ 0.9 ㉢ $\frac{1}{10}$이 13개인 수 ➡ ㉡, ㉠, ㉢

③ ㉠ 0.1이 5개인 수 ㉡ 0.8 ㉢ $\frac{1}{10}$이 9개인 수 ➡ ㉠, ㉡, ㉢

④ ㉠ 0.1이 13개인 수 ㉡ 1.7 ㉢ $\frac{1}{10}$이 15개인 수 ➡ ㉠, ㉢, ㉡

⑤ ㉠ 0.1이 3개인 수 ㉡ 3.1 ㉢ $\frac{1}{10}$이 13개인 수 ➡ ㉠, ㉢, ㉡

⑥ ㉠ 0.1이 10개인 수 ㉡ 1.1 ㉢ $\frac{1}{10}$이 7개인 수 ➡ ㉢, ㉠, ㉡

⑦ ㉠ 0.1이 2개인 수 ㉡ 2.1 ㉢ $\frac{1}{10}$이 8개인 수 ➡ ㉠, ㉢, ㉡

151~152쪽

61 생활 속 연산 – 분수와 소수

집중 시간 4

※ 그림을 보고 □ 안에 알맞은 분수 또는 소수나 말을 써넣으세요.

①

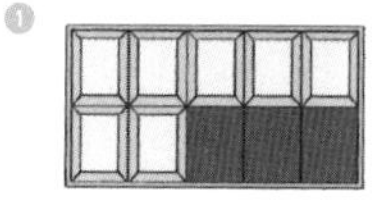

진우는 초콜릿을 똑같이 10조각으로 나누어 그중 3조각을 먹었습니다. 먹고 남은 초콜릿은 전체의 $\frac{7}{10}$ 만큼입니다.

②

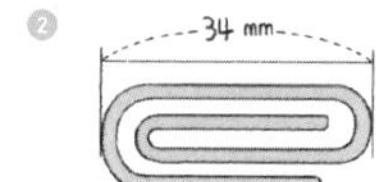

34 mm

종이 집게의 길이를 재었더니 34 mm였습니다.
이 종이 집게는 3.4 cm입니다.

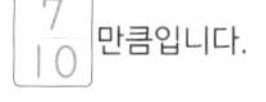

1 mm=0.1 cm

③

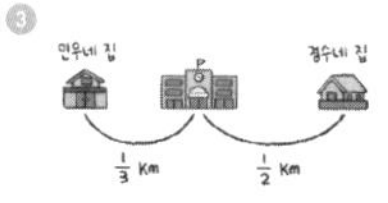

민우네 집
경수네 집
$\frac{1}{3}$ km
$\frac{1}{2}$ km

학교에서 민우네 집까지의 거리는 $\frac{1}{3}$ km이고,
경수네 집까지의 거리는 $\frac{1}{2}$ km입니다.
학교에서 더 먼 곳에 있는 집은 경수네 집입니다.

④

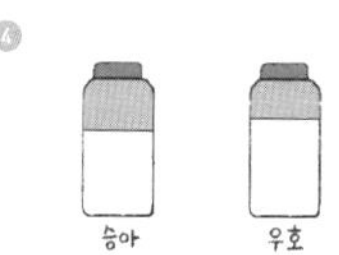

승아
우호

승아와 우호가 똑같은 우유를 한 병씩 사서
승아는 전체의 0.4만큼을,
우호는 전체의 $\frac{3}{10}$만큼을 마셨습니다.
우유를 더 많이 마신 사람은 승아입니다.

61 꿀꺽! 연산 간식

집중 시간 4

※ 세 개의 문 중에서 가장 큰 수가 쓰여진 문을 열면 보물을 찾을 수 있습니다. 보물을 숨겨둔 문을 찾아 ○표 하세요.

①

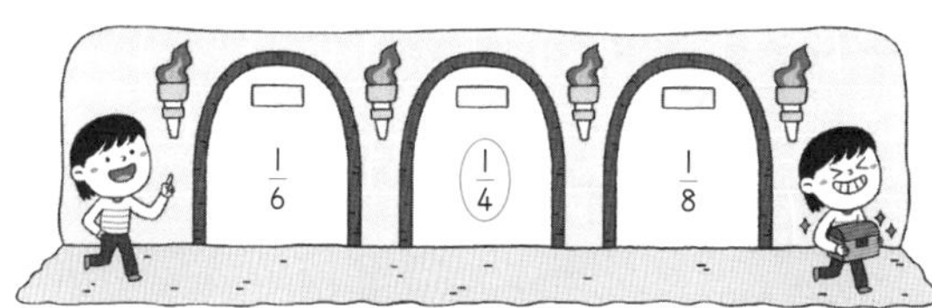

$\frac{1}{6}$
$\frac{1}{4}$
$\frac{1}{8}$

②

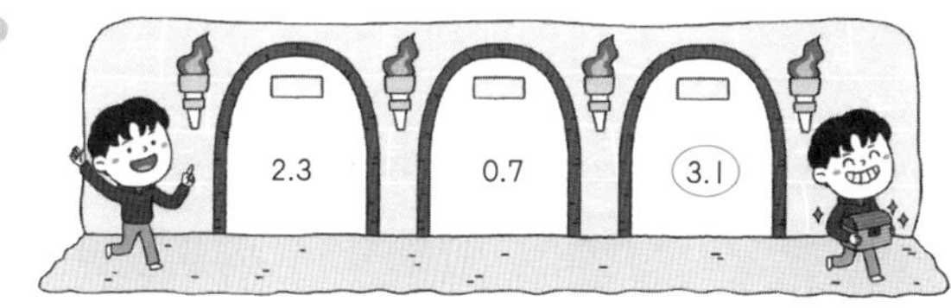

2.3
0.7
3.1

③

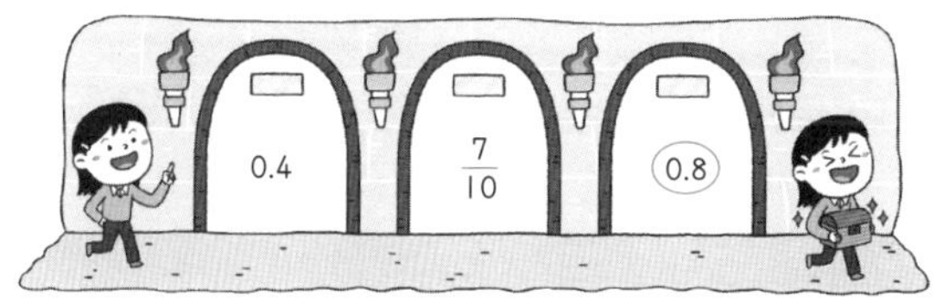

0.4
$\frac{7}{10}$
0.8

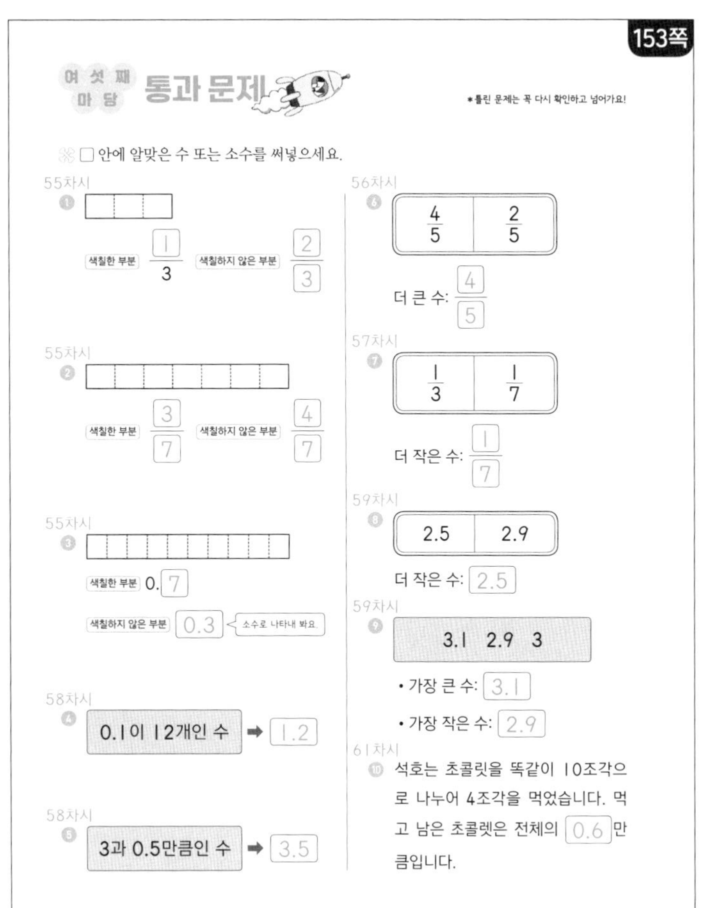
153쪽

여섯째 마당 통과 문제

*틀린 문제는 꼭 다시 확인하고 넘어가요!

※ □ 안에 알맞은 수 또는 소수를 써넣으세요.

55차시
❶ 색칠한 부분 $\frac{1}{3}$ 색칠하지 않은 부분 $\frac{2}{3}$

55차시
❷ 색칠한 부분 $\frac{3}{7}$ 색칠하지 않은 부분 $\frac{4}{7}$

55차시
❸ 색칠한 부분 0.7
색칠하지 않은 부분 0.3 (소수로 나타내 봐요.)

58차시
❹ 0.1이 12개인 수 ➡ 1.2

58차시
❺ 3과 0.5만큼인 수 ➡ 3.5

56차시
❻ $\frac{4}{5}$ $\frac{2}{5}$
더 큰 수: $\frac{4}{5}$

57차시
❼ $\frac{1}{3}$ $\frac{1}{7}$
더 작은 수: $\frac{1}{7}$

59차시
❽ 2.5 2.9
더 작은 수: 2.5

59차시
❾ 3.1 2.9 3
• 가장 큰 수: 3.1
• 가장 작은 수: 2.9

61차시
❿ 석호는 초콜릿을 똑같이 10조각으로 나누어 4조각을 먹었습니다. 먹고 남은 초콜렛은 전체의 0.6만큼입니다.

교과서 연산 3-1 훈련 끝!
다음 학기로 가 보자고~

MEMO

MEMO